Kai Xuan Theng

Investigação do ar interior utilizando uma abordagem CFD

Kai Xuan Theng

Investigação do ar interior utilizando uma abordagem CFD

Comparação de métodos experimentais e numéricos

ScienciaScripts

Imprint

Cover image: www.ingimage.com

This book is a translation from the original published under ISBN 978-3-659-52829-3.

Publisher:
Sciencia Scripts
is a trademark of
Dodo Books Indian Ocean Ltd. and OmniScriptum S.R.L publishing group

120 High Road, East Finchley, London, N2 9ED, United Kingdom
Str. Armeneasca 28/1, office 1, Chisinau MD-2012, Republic of Moldova, Europe
Printed at: see last page
ISBN: 978-620-7-48918-3

ÍNDICE

RECONHECIMENTO

Os meus sinceros agradecimentos à minha família, especialmente aos meus pais Theng, S. L. e Poh, J. M., que me apoiam e encorajam continuamente; à minha íntima Dra. Lyra Lee, J. P., pela sua essência de bondade.

Por último, mas não menos importante, gostaria também de expressar a minha gratidão ao Dr. Tee, B. T. pela sua orientação e conselhos ao longo deste projeto.

LISTA DE SÍMBOLOS

SYMBOLS	DESCRIPTION
°C	Degree Celcius
ε	Epsilon
h	Hour
m	Meter
%	Percent
s	Second
W	Watt

LISTA DE ABREVIATURAS

ABBREVIATION	DESCRIPTION
ACH	Air change per hour
ACMV	Air conditioning and mechanical ventilation
a.k.a.	Also known as
ASHRAE	American Society of Heating, Refrigeration, and Air-Conditioning Engineers
BTU	British Thermal Unit
CAD	Computer-Aided Drawing
CFD	Computational Fluid Dynamics
Clo	Clothing unit
etc.	et cetera
HVAC	Heating, ventilation and air conditioning
ISO	Organization for Standardization
MS	Malaysian Standard
PMV	Predicted Mean Vote
PPD	Predicted Percentage Dissatisfied
PPS	Pusat Pengajian Siswazah
Re	Reynolds number
RH	Relative humidity
RNG	Renormalization group
UFAD	Underfloor air distribution
VAV	Variable air volume

CAPÍTULO 1

INTRODUÇÃO

Recentemente, os estudos do caudal de ar num espaço fechado têm sido realçados como consequência da sensibilização para o efeito da distribuição do caudal de ar na temperatura e no nível de conforto do espaço. Estes efeitos podem ainda ser alargados para se relacionarem com os problemas de saúde dos ocupantes, com base num estudo efectuado por Daisey et. al. (2003) que mostra que muitas salas de aula têm uma ventilação inadequada. A análise da distribuição do ar interior também é feita para melhorar a poupança de energia e a qualidade do ar interior através do controlo dos contaminantes num espaço (Cao, 2006).

No que respeita às condições interiores de um edifício, a principal preocupação com a distribuição do fluxo de ar é a ventilação e o nível de conforto. Os países da zona tropical são consideravelmente quentes e húmidos em comparação com outras regiões; por conseguinte, são utilizados aparelhos de ar condicionado e ventoinhas para obter uma boa ventilação e um nível de conforto aceitável. Os aparelhos de ar condicionado são utilizados para manter a temperatura e a humidade do ambiente interior numa gama confortável, enquanto as ventoinhas promovem uma distribuição uniforme do fluxo de ar para uma melhor ventilação. O metabolismo humano gera calor e este calor tem de ser dissipado para o ambiente circundante de modo a atingir a neutralidade e o equilíbrio térmico com o ambiente circundante. Assim, a temperatura ambiente deve ser mantida abaixo da temperatura do corpo humano para que o equilíbrio térmico ocorra e o nível de conforto dos ocupantes do edifício possa ser mantido. Innova (2002) afirma que a primeira condição de conforto é a neutralidade térmica, o que significa que uma pessoa não sente nem demasiado calor nem demasiado frio.

A fim de simular a distribuição do fluxo de ar num edifício interior com uma abordagem rápida e de baixo custo, a Dinâmica dos Fluidos Computacional (CFD) é utilizada para prever o comportamento do fluxo de fluidos através da resolução de equações matemáticas (Nielsen et. al., 2007), quer através de métodos numéricos, algoritmos ou ambos, dependendo da adequação e da escolha dos utilizadores. Alguns comportamentos de fluidos que podem ser previstos através da utilização de CFD são o escoamento de fluidos, a transferência de calor, a transferência de massa e as reacções químicas. Para simular o escoamento de fluidos numa sala, não é necessário qualquer equipamento ou aparelho; em vez disso, um desenho assistido por computador (CAD) e algumas condições de fronteira definidas fariam o trabalho. Assim, facilita o trabalho do investigador e a simulação pode ser efectuada num curto espaço de tempo, sem necessidade de equipamento de custo elevado. No entanto, o tempo necessário para a simulação depende da velocidade de computação e as incertezas são difíceis de evitar.

1.1 Declarações de problemas

Esta investigação tem por objetivo responder às seguintes questões:

i. Qual é o efeito da disposição interior de uma sala de conferências na distribuição do fluxo de ar?

ii. Qual é a diferença na distribuição do fluxo de ar numa sala de conferências com/sem a presença de carga humana?

iii. O número de aparelhos de ar condicionado na sala de aula é adequado para proporcionar uma distribuição uniforme do ar refrigerado aos ocupantes? É possível diminuir o número de aparelhos de ar condicionado e, ao mesmo tempo, manter o mesmo efeito de arrefecimento e distribuição de ar, ou um efeito semelhante, reorganizando a posição dos aparelhos de ar condicionado?

1.2 Objectivos

i. Avaliar o desempenho da distribuição de ar em compartimentos fechados através de medições e técnicas CFD.

ii. Comparar e validar os resultados obtidos com as medições e as técnicas de simulação CFD.

iii. Otimizar a distribuição do fluxo de ar na sala de aula por recomendação através de simulação.

1.3 Escopos

O âmbito deste estudo centra-se mais na distribuição do fluxo de ar em salas de aula. Os objectivos deste estudo são os seguintes

i. Determinar os parâmetros de fronteira para uma modelação CFD válida aplicada ao fluxo de ar de uma sala de conferências.

ii. Os parâmetros de distribuição do ar em duas salas de aula ventiladas mecanicamente (ar condicionado e ventoinha) obtidos são a velocidade do fluxo de ar e a distribuição da temperatura.

iii. Avaliar o desempenho atual da distribuição do ar na sala de conferências.

iv. Obter e analisar os valores previstos de parâmetros importantes de distribuição de ar utilizando a simulação CFD.

v. Investigar o efeito da disposição interior e da presença de carga humana na distribuição do fluxo de ar na sala de conferências.

1.4 Resultados esperados

i. Simulação do padrão de fluxo de ar para uma sala de conferências com e sem a presença de carga humana e mobiliário.

ii. Comparação dos resultados do padrão do fluxo de ar entre a medição física e a simulação.

iii. Recomendações de projeto para o sistema de ar condicionado da sala de aula.

CAPÍTULO 2

TEORIA

No estudo do fluxo de ar, as pessoas estão sempre interessadas em conhecer a temperatura e a velocidade do fluxo de ar de uma área estudada. A temperatura e a velocidade do fluxo de ar são os principais parâmetros a ter em conta no projeto de interiores de edifícios para garantir que as condições interiores são confortáveis para os ocupantes.

A temperatura também é influenciada por outros factores para além do desempenho da unidade de ar condicionado e ventilação mecânica (ACMV). A taxa de metabolismo é um dos principais factores pessoais que influenciam a temperatura do ar interior. Toftum (2005) afirmou que pessoas diferentes têm taxas metabólicas diferentes, que flutuam com base no nível de atividade e nas condições ambientais. Para além dos dois parâmetros mais comuns a investigar, a temperatura e a velocidade do fluxo de ar, a humidade é também um parâmetro importante a considerar. Com base no estudo de Balaras et. al. (2007), o nível recomendado de humidade interior situa-se entre 30 e 60% em edifícios com ar condicionado.

A simulação do padrão do fluxo de ar pode ser efectuada utilizando software CFD, desde que se conheçam determinadas condições de fronteira. A partir dos resultados da simulação, podem ser determinados parâmetros como a velocidade e a temperatura do fluxo de ar, podendo assim ser analisado o conforto térmico de um espaço confinado.

2.1 Parâmetros do ar interior Normas

O estudo do fluxo de ar está frequentemente relacionado com o conforto térmico dos ocupantes num espaço confinado. A norma 55 da Sociedade Americana de Engenheiros de Aquecimento, Refrigeração e Ar Condicionado (ASHRAE) define o conforto térmico como o estado de espírito que exprime a satisfação com o ambiente térmico e é avaliado através de uma avaliação subjectiva.

De modo a determinar e interpretar analiticamente o conforto térmico, a Organização Internacional de Normalização (ISO) 7730 estabeleceu os índices Predicted Mean Vote (PMV) e Predicted Percentage Dissatisfied (PPD). O PMV é um índice que prevê o valor médio dos votos de um grande grupo de pessoas na escala de sensação térmica de 7 pontos que vai de +3 (quente) a -3 (frio). O valor do PMV pode ser calculado através de uma fórmula. O PPD é um índice que estabelece uma previsão quantitativa da percentagem de pessoas termicamente insatisfeitas que se sentem demasiado frias ou demasiado quentes. O valor PPD pode ser determinado através do cálculo do PPD utilizando a equação.

A norma malaia (MS) 1525: 2014 também estabeleceu um código de práticas sobre eficiência energética e utilização de energias renováveis para edifícios não residenciais. As condições de conceção de um espaço interior com ar condicionado para arrefecimento de conforto devem ser as seguintes, conforme publicado na MS 1525: 2014:

i. Temperatura de bolbo seco de projeto recomendada-23°C - 26°C

ii. Temperatura mínima do bolbo seco - 22°C

iii. Humidade relativa de projeto recomendada-55% a 70%

iv. Movimento de ar recomendado-0,15 m/s - 0,5 m/s

v. Movimento máximo do ar - 0,7 m/s

2.2 Tipo de distribuição de ar

O ar condicionado numa divisão fechada pode ser dividido em diferentes métodos. A ASHRAE classifica os métodos de distribuição de ar em sistemas de mistura, ventilação por deslocamento, ventilação por fluxo de ar unidirecional e métodos de ventilação localizada (Goodfellow, 2001).

O sistema de mistura é o tipo mais comum de método de distribuição de ar em que o ar condicionado é descarregado a uma velocidade muito superior à do ar circundante. A Fig. 2.1 mostra o diagrama esquemático do caudal de ar de mistura. O Engineering Bulletin (2010) afirma que o jato de ar de insuflação é fornecido pela saída de ar e mistura-se com o ar ambiente por arrastamento, o que ajuda a reduzir a velocidade do jato e a igualar a temperatura do ar de insuflação à medida que entra na zona ocupada.

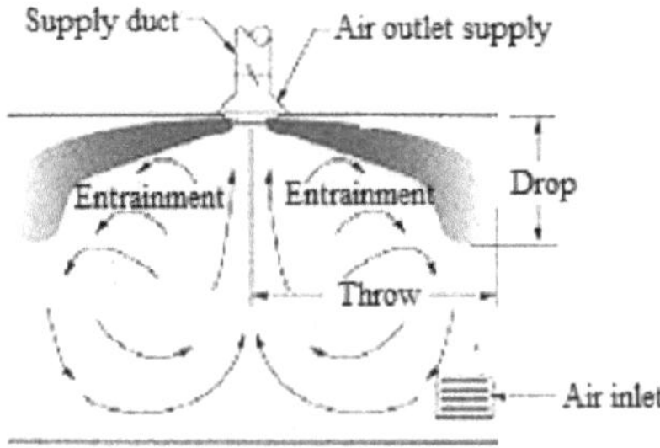

Figura 2.1: Distribuição do ar de mistura (Fonte: Engineering Bulletin, (2010))

O ar condicionado é fornecido diretamente para a zona ocupada para ventilação por deslocamento. A velocidade do caudal de ar à saída da conduta de insuflação é normalmente baixa para este tipo de distribuição de ar. As saídas de ar da ventilação por deslocamento são baixas na parede lateral, provocando a subida do ar naturalmente quando este absorve o calor das plumas, como se mostra na Fig. 2.2. (Boletim de Engenharia, 2010)

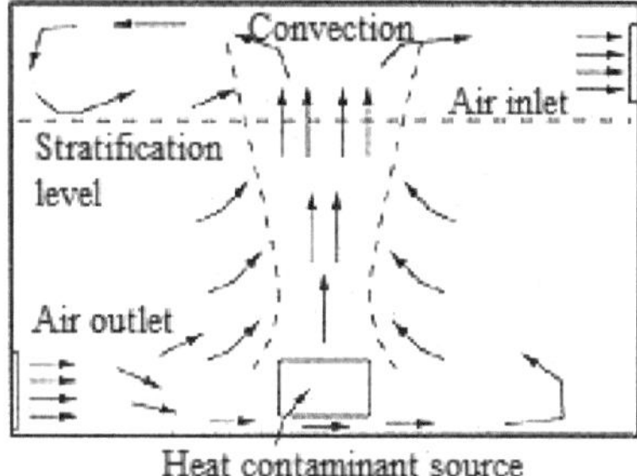

Figura 2.2: Ventilação de deslocamento (Fonte: Boletim de Engenharia, (2010))

O padrão de ar unidirecional (também conhecido como fluxo laminar) produz um fluxo de ar uniformemente distribuído por toda a superfície de alimentação e produz um padrão de fluxo laminar, como se mostra na Fig. 2.3. (Engineering Bulletin, 2010)

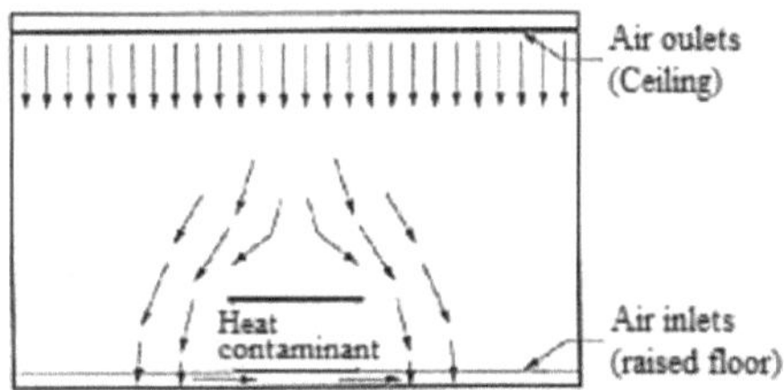

Figura 2.3: Padrão de ar unidirecional (Fonte: Boletim de Engenharia, (2010))

A ventilação localizada é semelhante à ventilação por deslocamento, em que o ar condicionado a temperaturas ligeiramente inferiores à temperatura ambiente é fornecido diretamente para a zona ocupada. A diferença que distingue estes dois tipos de distribuição de ar é que o ocupante tem controlo local da velocidade do fluxo de ar e da direção do jato de ar através da utilização de uma saída de ar especial semelhante à do veículo.

2.3 Simulação CFD

A CFD é utilizada para prever o comportamento do escoamento de fluidos. Existem alguns programas de CFD disponíveis para os utilizadores, tais como o FLUENT da ANSYS e o Star-CD da CD_adapco. Neste estudo, o ANSYS FLUENT é utilizado para simular o fluxo de ar. A Fig. 2.4 mostra o layout do software ANSYS, enquanto o FLUENT é um sistema de análise utilizado após a configuração da geometria e da malha. O processo envolvido na previsão numérica do escoamento de fluidos é apresentado na Fig. 2.5.

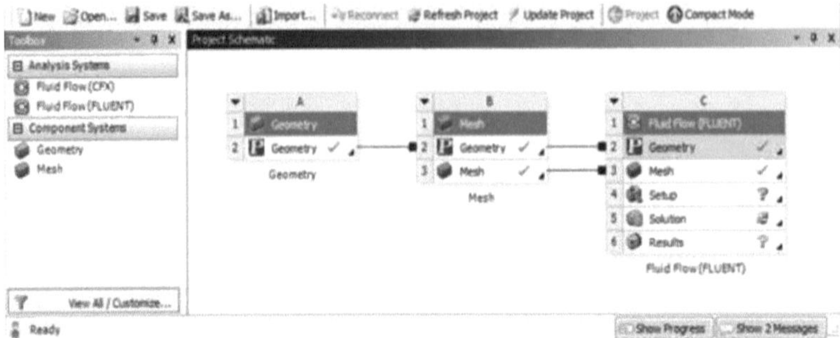

Figura 2.4: Layout do ANSYS Workbench

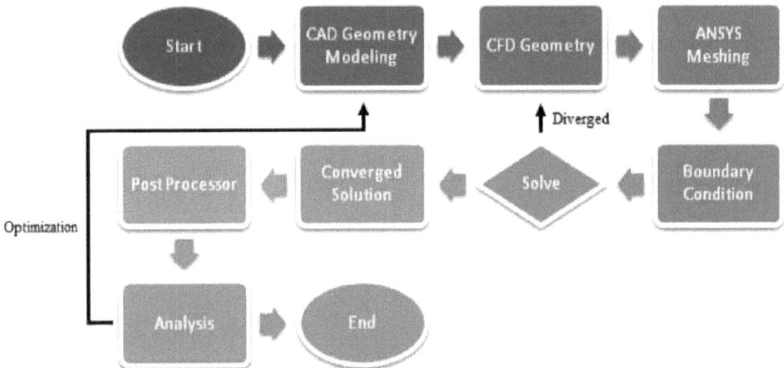

Figura 2.5: Processo de simulação CFD

A geometria de um determinado espaço ou objeto é necessária para analisar o comportamento do escoamento de fluidos utilizando o ANSYS FLUENT. O software dispõe de uma função integrada que permite ao utilizador criar uma nova geometria. No entanto, o utilizador pode desenvolver a geometria utilizando software de desenho CAD profissional, como o CATIA, SolidWorks e SketchUp, que será posteriormente importado para o ANSYS FLUENT em formato legível.

A geração de malhas é um dos aspectos mais críticos da simulação de engenharia. Demasiadas células podem resultar em longas execuções do solucionador, e muito poucas podem levar a resultados imprecisos. Diferentes físicas requerem diferentes abordagens de geração de malhas. As simulações de dinâmica de fluidos requerem malhas de alta qualidade, tanto na forma dos elementos como na suavidade das alterações de tamanho. As simulações de mecânica estrutural precisam de utilizar a malha de forma eficiente, uma vez que os tempos de execução podem ser prejudicados com contagens elevadas de elementos (ANSYS, 2014).

A configuração do ANSYS FLUENT também pode ser conhecida como o pré-processador para uma análise CFD. Este é um passo muito importante na análise do escoamento de fluidos, pois qualquer erro conduziria a um resultado pouco razoável que teria uma grande diferença em relação às características reais experimentadas. As definições do FLUENT têm de ser ajustadas de modo a satisfazer os requisitos da simulação (Lim, 2014).

Os modelos utilizados para a análise do escoamento de fluidos devem ser seleccionados durante a configuração do FLUENT. São seleccionados modelos diferentes para casos diferentes de escoamento de fluidos. Por exemplo, no caso da transferência de calor, é necessária a equação da energia para analisar o escoamento de fluidos com envolvimento de calor. Para a simulação do escoamento de ar num edifício fechado, é frequentemente utilizado o modelo padrão k-ε de Launder e Splading (1974). Foram efectuadas muitas modificações a este primeiro modelo e foram introduzidas as equações do modelo k-ε do grupo de renormalização (RNG) e do modelo k-ε realizável (Kuznik et. al., 2005). As diferenças entre estes modelos residem nos custos de computação envolvidos e no nível de exatidão que é necessário atingir. O k-ε padrão e o k-ε do RNG são semelhantes; no entanto, existem algumas diferenças importantes para além dos valores constantes utilizados nos mesmos. Estas diferenças podem fazer com que os dois modelos produzam resultados marcadamente diferentes. A primeira é que o modelo k-ε padrão é baseado na suposição de um fluxo com alto número de Reynolds, enquanto o modelo RNG não é (Posner et. al., 2002). O RNG é igualmente válido para escoamentos com baixo e alto número de Reynolds (Yakhot & Orzag, 1986).

A resolução de equações diferenciais exige que o utilizador especifique uma condição de fronteira, porque as equações matemáticas são utilizadas para modelar o fenómeno físico (Ahmed, 2014). Para a simulação do fluxo de ar num edifício interior, as condições de fronteira necessárias são a velocidade e a temperatura do fluxo de ar de entrada.

CAPÍTULO 3

REVISÃO DA LITERATURA

Este capítulo apresenta o resumo e as conclusões importantes de várias revistas e relatórios técnicos relacionados com esta área de estudo. A seleção das revistas e dos relatórios técnicos baseia-se nos âmbitos deste estudo, na região onde este estudo tem lugar e nas abordagens para melhorar o fluxo de ar numa sala de aula. As normas relativas ao conforto térmico, os métodos e as equações relacionadas utilizadas na simulação CFD também estão a ser revistas.

3.1 Condições de Conforto Térmico numa sala ventilada com Split System - Análise Numérica e Experimental por Pereira et. al. (2012)

Esta investigação teve como objetivo avaliar a condição de conforto térmico e identificar as condições de conforto e de desconforto localizado numa sala de aula, tendo como referência os parâmetros necessários para a análise do conforto térmico, tanto para o método de medição como para o método CFD. A sala de aula é ventilada através de um sistema de ar condicionado split.

3.1.1 Metodologia

Para o método experimental, foi selecionada uma sala de aula de 9 m x 6 m x 3 m com uma unidade de ar condicionado de 36000 BTU/h. A Fig. 3.1 mostra a localização no interior da sala onde foram medidas as variáveis de conforto. Para recolher os dados, foram colocados transdutores a cinco alturas acima do chão (0,1 m, 0,6 m, 1,1 m, 1,6 m e 2,5 m). Os equipamentos experimentais utilizados foram o anemómetro de fio quente, o sensor de humidade, o termómetro de infravermelhos e o sistema de aquisição de dados.

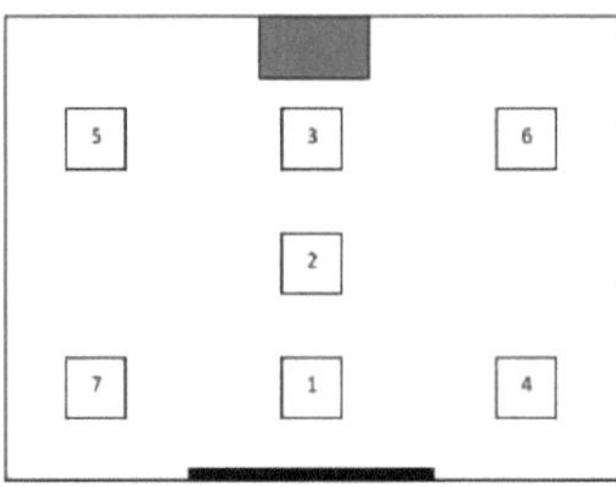

Figura 3.1: Localização dos pontos de medição (Fonte: Pereira et. al., 2012)

Para o método numérico, a análise CFD foi efectuada utilizando o software comercial Fluent. Foi utilizado o modelo simulado com a mesma configuração geométrica que a sala de aula real. Foi construída uma geometria básica da sala e foi gerada uma grelha relativamente grosseira, de modo a produzir uma solução que confirmasse os pressupostos da modelação. Mais tarde, foram introduzidos na geometria pormenores como a disposição interior e as fontes de calor, seguidos de um refinamento da grelha para obter um melhor resultado em termos de resolução e precisão.

A velocidade de entrada foi fixada em 3 m/s para as condições de fronteira e o caudal de retorno foi posicionado no local abaixo do aparelho de ar condicionado. Foi selecionada uma malha tetraédrica refinada na entrada e na saída do aparelho de ar condicionado. A temperatura das pessoas e das paredes foi considerada constante, considerando o ar sem alterações. Foi utilizado o modelo padrão k-e para resolver o escoamento turbulento viscoso.

Para a avaliação do PPD e do PMV, a temperatura de alimentação foi fixada a uma temperatura média de 15°C, a temperatura superficial dos modelos de pessoas a 30°C, a temperatura das paredes com base nas medições foi fixada em 23,5°C e não houve fluxo de calor para o mobiliário.

3.1.2 Resultados

Os resultados experimentais são apresentados nas Fig. 3.2 e Fig. 3.3. Para a posição de pé (1,6 m), o valor mínimo de temperatura foi de 21°C na posição 1, este ponto está localizado em frente ao quadro negro, onde o fluxo de jato frio entra em contacto direto com os ocupantes. Os dados adquiridos indicam uma diferença relativamente grande na velocidade em alguns locais. A maior variação vertical regista-se na posição 1. A Fig. 3.4 mostra as trajectórias do fluxo de ar na sala de aula. Observa-se que o ar de retorno se encontra por baixo do aparelho de ar condicionado, no topo da sala de aula. O fluxo circula pela periferia da sala quando o fluxo de entrada atinge a parede oposta até atingir a saída.

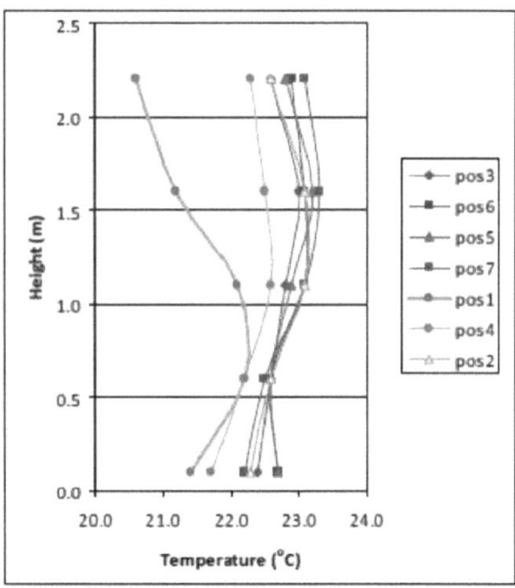

Figura 3.2: Perfis de temperatura do ar - Medições experimentais (Fonte: Pereira et. al., 2012)

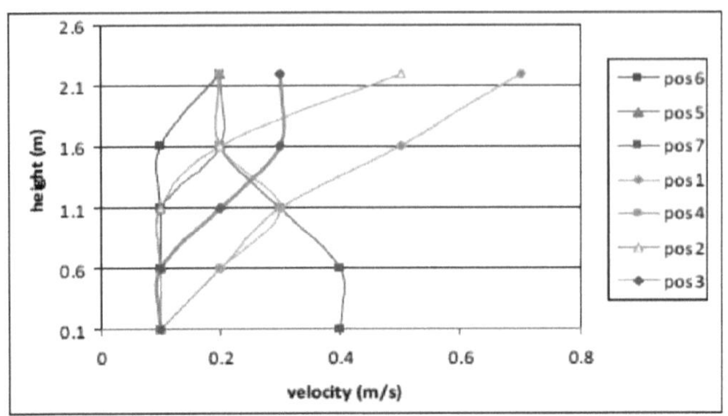

Figura 3.3: Perfis de velocidade do ar - Medições experimentais (Fonte: Pereira et. al., 2012)

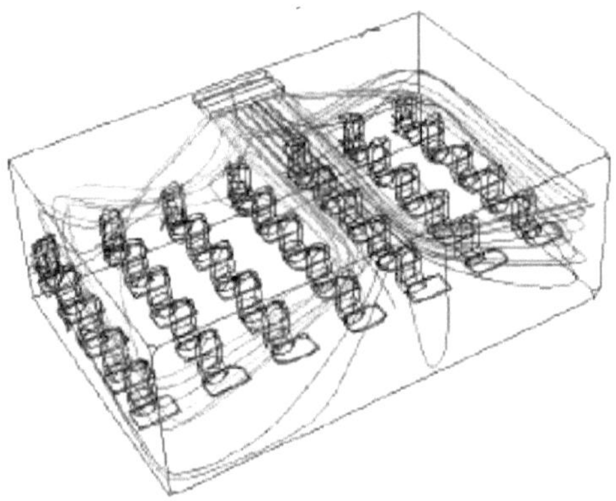

Figura 3.4: Linhas de percurso no interior da sala de aula (Fonte: Pereira et. al., 2012)

A temperatura de retorno decide se o compressor está a funcionar ou não. O ar condicionado foi regulado para 23°C durante a experiência. A Fig. 3.5 mostra o perfil da temperatura de alimentação e de retorno da experiência. Para a modelação CFD, avaliação experimental do PMV e PPD, foi utilizado o valor médio da temperatura de alimentação. A pequena flutuação da temperatura de alimentação não afectaria a temperatura à altura de 1,1 m (plano de respiração) devido ao curto-circuito entre o fluxo de ar de alimentação e de retorno, pelo que a avaliação global do conforto poderia ser analisada mesmo com uma abordagem de estado estacionário. Os resultados mostram que foram obtidas respostas semelhantes de PMV e PPD para temperaturas de insuflação entre 15°C e 17°C.

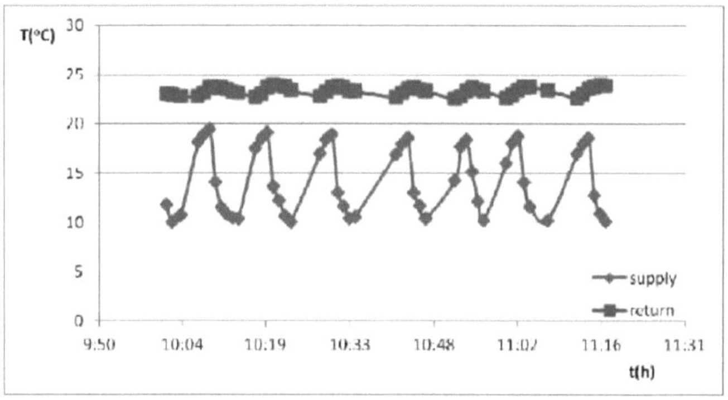

Figura 3.5: Ciclo de temperatura de alimentação e retorno (Fonte: Pereira et. al., 2012)

Os resultados da avaliação do PMV e do PPD são indicados na Fig. 3.6 (experimental) e na Fig. 3.7 (numérica). Os dados experimentais de PMV e PPD mostram resultados simétricos para estas localizações. A ligeira diferença de temperatura e velocidades leva a pequenas alterações no PMV e PPD. É necessário salientar que, com base nas medições padrão e no local, a taxa metabólica é de $50 W/m^2$, a temperatura radiante é de 23,5°C, a pressão parcial do ar é de 1,466 kPa (50% de humidade) e o isolamento do vestuário é de 0,5 clo.

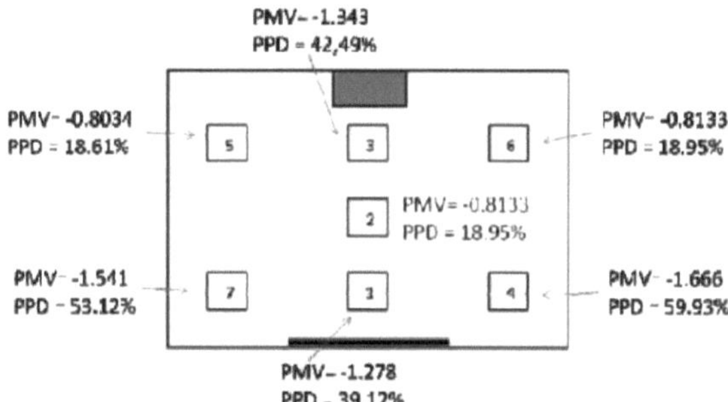

Figura 3.6: Resultados experimentais para o PMV e PPD (1,1 m de altura) (Fonte: Pereira et. al., 2012)

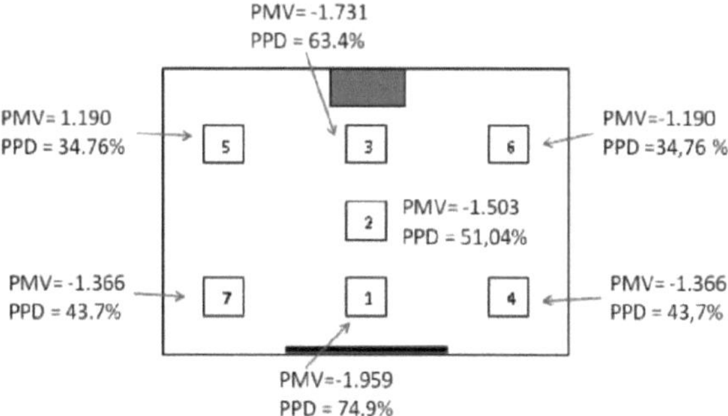

Figura 3.7: Resultados numéricos para o PMV e o PPD (1,1 m de altura) (Fonte: Pereira et. al., 2012)

3.1.3 Conclusão

A partir dos resultados, é evidente que a variação dos parâmetros de conforto térmico obtidos, tanto para o método experimental como para o método de simulação CFD, está dentro do intervalo aceite, desde que as condições de fronteira sejam definidas e ajustadas com o valor medido. Isto mostra que a metodologia utilizada neste trabalho é muito eficaz.

A uma altura de 1,1 m, a temperatura parece ser muito uniforme, o que significa que um sistema de ar condicionado split não causa problemas de gradientes térmicos. Relativamente à velocidade do ar, os resultados mostram uma variação significativa em toda a sala. Assim, pode considerar-se que a velocidade uniforme do fluxo de ar para o conforto térmico na sala de aula climatizada é difícil de obter com este tipo de ar condicionado. Recomenda-se a alteração do ângulo de descarga do aparelho de ar condicionado para evitar a sensação de corrente de ar no quadro, onde se observa a maior insatisfação térmica.

3.2 Estudo do conforto térmico de uma sala de aula com ar condicionado nos trópicos por Cheong et. al. (2001)

Este artigo avalia o conforto térmico numa sala de conferências a partir dos dados recolhidos através de medições, modelação CFD e avaliações subjectivas. Os parâmetros físicos necessários são a temperatura do ar, a velocidade do ar, a humidade relativa e a concentração de dióxido de carbono.

3.2.1 Metodologia

A sala de conferências selecionada para este estudo tem 14,9 m de comprimento, 11,5 m de largura, com uma altura de teto variável de 3,7 m na parte da frente a 2,9 m na parte de trás. Foi utilizado um sistema de ar condicionado de volume de ar variável (VAV). A taxa total de renovação de ar foi de aproximadamente 16,7 ACH. O ar é fornecido e extraído no local como mostrado na Fig. 3.8. Cada um dos difusores e grelhas tem as dimensões de 600 mm x 600 mm.

Para o método experimental, as medições foram efectuadas a 1 m acima do nível do chão durante um período de 4 horas em 2 dias. A temperatura foi medida utilizando termopares ligados a um registador de dados, a velocidade foi medida durante um período de 3 minutos em cada local na zona dos ocupantes utilizando um anemómetro de fio quente, enquanto as medições pontuais da humidade relativa foram efectuadas em intervalos de 1 hora utilizando um medidor de humidade portátil. As concentrações de dióxido de carbono foram medidas continuamente com um monitor multigás.

No que respeita ao método numérico, o modelo simulado tem a mesma configuração geométrica que a sala de aula, utilizando um pacote de cálculo CFD, o Fluent/ Uns 5.3. Foi construída uma geometria básica da sala e foi então gerada uma grelha relativamente grosseira. Mais tarde, foram inseridos na geometria pormenores como a disposição interior e as fontes de calor, seguidos de um refinamento da grelha. A sala de conferências foi modelada com 100 ocupantes e a existência de mobiliário para simular o ambiente real. A temperatura da superfície das paredes interiores, do teto e do chão foi fixada em 23°C. As condições de fronteira dos difusores e grelhas são apresentadas na Tabela 3.1. Os fluxos de calor modelados representam o calor gerado. Assumiu-se que cada ocupante simulado gerava um calor sensível de 42 Wm^{-2} enquanto o calor gerado por cada lâmpada fluorescente era de 120 W e 200 W para o retroprojetor.

Os inquéritos por questionário relativos ao conforto térmico da sala de conferências foram realizados diariamente durante 2 horas com um intervalo de 15 minutos para obter a avaliação subjectiva dos inquiridos.

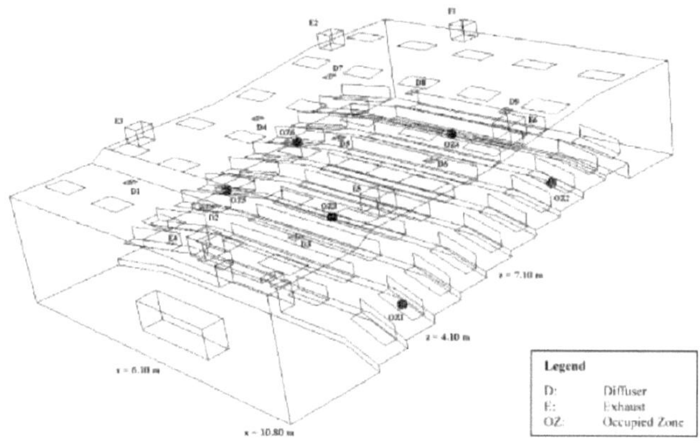

Figura 3.8: Localização dos pontos de medição na sala de conferências (Fonte: Cheong et. al., 2001)

Quadro 3.1: Condições de fronteira dos difusores de entrada e das grelhas de extração (Fonte: Cheong et. al., 2001)

Location	Air velocity (m s^{-1})	Temperature (°C)	Boundary type
Diffusers			
D 1	1.59	20.0	Velocity inlet
D 2	1.84	"	"
D 3	3.34	"	"
D 4	3.30	"	"
D 5	3.54	"	"
D 6	3.73	"	"
D 7	2.84	"	"
D 8	3.03	"	"
D 9	2.68	"	"
Exhausts			
E 1	1.00	27.0 (plenum)	Pressure outlet
E 2	"	"	"
E 3	"	"	"
E 4	"	"	"
E 5	"	"	"
E 6	"	"	"

3.2.2 Resultados

A média da temperatura medida em cada ponto é comparada com os resultados da simulação CFD, o que é mostrado na Tabela 3.2. A humidade relativa medida na zona ocupada situa-se entre 61% e 77%. Os valores médios de todos os parâmetros estão dentro dos limites recomendados pela norma ISO 7730. O perfil de temperatura para tempos diferentes é apresentado na Fig. 3.9, enquanto o perfil de concentração de dióxido de carbono é apresentado na Fig. 3.10.

Tabela 3.2: Corroboração entre os resultados medidos e previstos para a temperatura e velocidade do ar (Fonte: Cheong et. al., 2001)

Location	Air temp. (°C)			Air velocity (m s^{-1})			
	Meas (tm)	Sim (ts)	Temp diff (tm–ts)	Meas (vm)	Sim (vs)	Vel diff (vm–vs)	% Diff (vs–vm)/vm
OZ 1	22.6	23.5	− 0.9	0.117	0.152	− 0.035	29.9
OZ 2	22.9	24.7	− 1.8	0.112	0.117	− 0.005	4.5
OZ 3	23.2	25.0	− 1.8	0.114	0.150	− 0.036	31.6
OZ 4	23.5	26.1	− 2.6	0.101	0.079	0.022	− 21.8
OZ 5	23.1	24.7	− 1.6	0.123	0.156	− 0.033	26.8
OZ 6	23.2	24.5	− 1.3	0.163	0.188	− 0.025	15.3

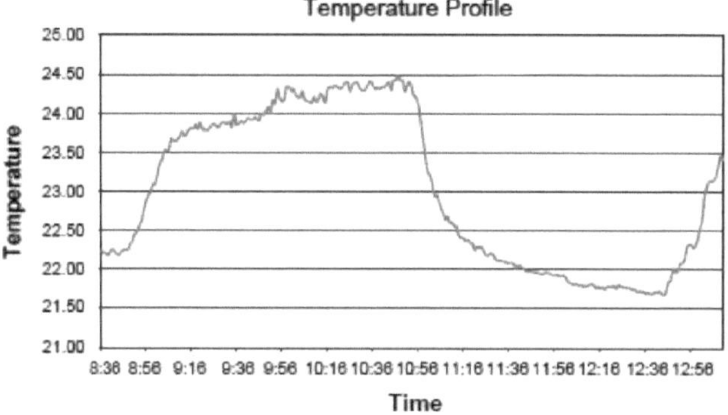

Figura 3.9: Perfil da temperatura do ar (Fonte: Cheong et. al., 2001)

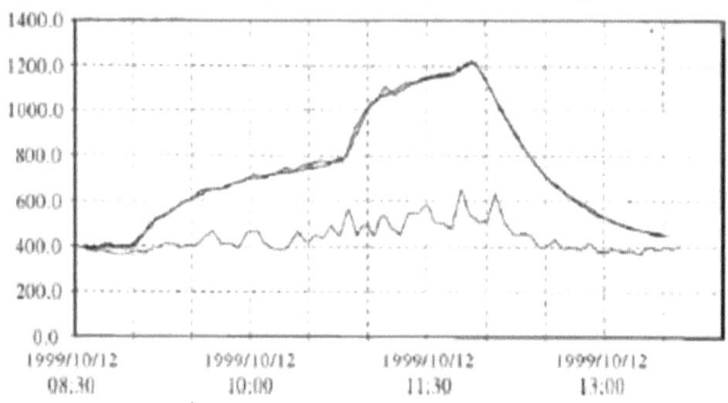

Figura 3.10: Perfil da concentração de dióxido de carbono (Fonte: Cheong et. al., 2001)

Para os resultados previstos, este documento apresenta apenas o perfil x = 6,1 m, uma vez que este é a melhor representação da condição na sala de conferências. As regiões de baixa velocidade do ar encontram-se perto do armário, à frente e por baixo das cadeiras, devido à obstrução do fluxo de ar causada pela disposição interior da sala de conferências.

Para a avaliação subjectiva, apenas são apresentados neste documento os resultados relativos ao conforto térmico. As respostas subjectivas sobre a temperatura do ar, a humidade, o movimento do ar e o conforto térmico geral são apresentadas na Fig. 3.11. As respostas subjectivas à humidade na sala de conferências tendem para 'seco', enquanto que para o movimento do ar, o resultado está ligeiramente inclinado para a esquerda, dando a impressão geral de que o ar está estagnado. Quanto ao conforto térmico global, a maioria dos inquiridos classifica-o como "confortável" e "ligeiramente desconfortável".

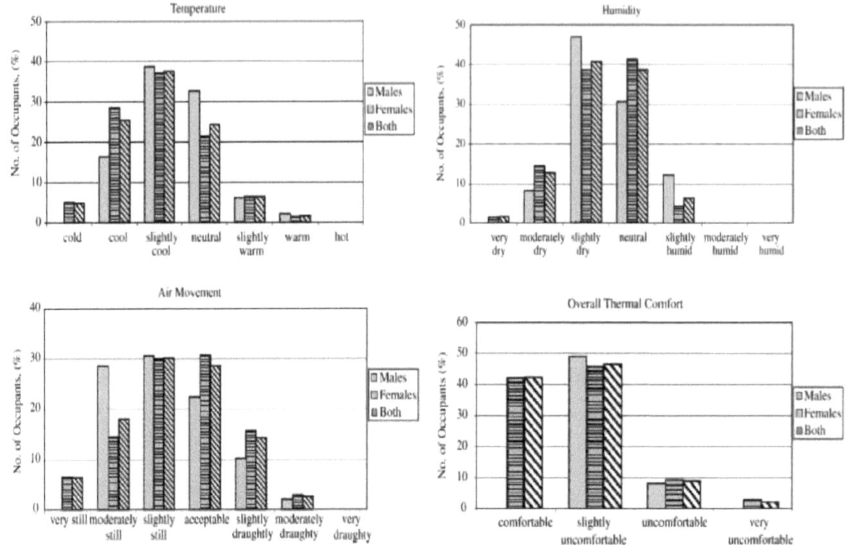

Figura 3.11: Distribuição das respostas subjectivas sobre temperatura, humidade, movimento do ar e conforto térmico global (Fonte: Cheong et. al., 2001)

3.2.3 Conclusão

Os dados experimentais mostram que as propriedades térmicas, tais como a temperatura, a velocidade do ar e a humidade na sala de conferências estão dentro dos limites recomendados pela norma ISO 7730. No entanto, o sistema de ar condicionado VAV é incapaz de lidar com a carga em situação de pico de ocupação, tendo em conta o perfil de concentração de dióxido de carbono.

Os resultados obtidos com a simulação revelaram que o auditório tem uma distribuição relativamente uniforme da velocidade do fluxo de ar e dos gradientes de temperatura. Tanto os resultados medidos como os simulados estão dentro de um intervalo razoável. No entanto, verifica-se que a maioria dos valores simulados são mais elevados, tanto para a velocidade do caudal de ar como para a temperatura do ar.

3.3 Previsão do conforto térmico de um sistema de distribuição de ar por baixo do piso num ambiente interior de grandes dimensões por Kim et. al. (2013)

Este artigo procura analisar se a aplicação de um sistema de distribuição de ar por baixo do pavimento (UFAD) num espaço de grandes dimensões resultaria em níveis mais elevados de satisfação do conforto térmico com um controlo ótimo do volume de ar fornecido.

3.3.1 Metodologia

Este estudo das características do fluxo de ar foi efectuado através da simulação CFD. O Star-CD foi selecionado como ferramenta principal, enquanto o SketchUp foi utilizado para traduzir a informação geométrica para o modelo espacial, definindo as zonas, os materiais e as propriedades. Foi selecionado um grande teatro espacial com um teto alto utilizando a UFAD num armazém. O teatro tem capacidade para 278 lugares sentados e o teto tem 12 m de altura.

A fim de testar um sistema UFAD em condições variáveis, foram desenvolvidos quatro casos diferentes com base na velocidade do ar de alimentação e na localização dos difusores. No total, foram instalados 18 difusores por baixo ou à frente dos bancos. O pormenor das condições de simulação é apresentado na Tabela 3.3. O modelo foi geometricamente simplificado como um cúbico retangular, em que a área de superfície média de um corpo humano foi assumida como sendo de 1,52 m^2 por pessoa, e o calor sensível de 50 kcal/h. A Fig. 3.12 mostra as condições de fronteira e a localização do difusor.

Tabela 3.3: Condições de análise para a simulação (Fonte: Kim et. al., 2013)

Analysis tool	Star-CD 3.24			
Air state	Steady state			
Turbulent model	k-ε High Reynolds number			
No. of cells	800,000			
Inlet	r - 0.1 m, 36EA			
Outlet	r - 0.4 m, 2EA			
Diffuser location	Case 1	Under seat	Case 3	Front of seat
	Case 2	Under seat	Case 4	Front of seat
Boundary condition	Inlet	Case 1	0.8 m/s	18 °C
		Case 2	0.5 m/s	18 °C
		Case 3	0.5 m/s	18 °C
		Case 4	0.3 m/s	18 °C
	Heat flux	38.3 W/m^2		

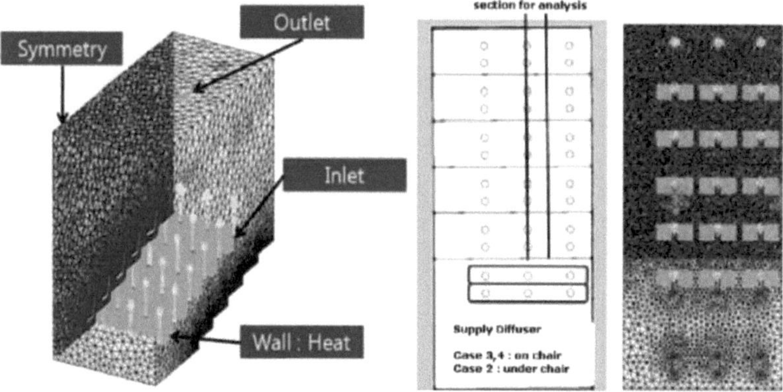

Figura 3.12: Condição de fronteira e localização do difusor (Fonte: Kim et. al., 2013)

3.3.2 Resultados

A Fig. 3.13 mostra os resultados da distribuição simulada do caudal de ar para todos os casos em que o UFAD é utilizado para arrefecer o espaço. Como se pode ver nas figuras, o ar de alimentação misto e o calor gerado pelo corpo humano aumentam devido ao efeito de flutuação na direção diagonal do conjunto de disposição. O caso 1 tem a velocidade máxima de entrada de ar de 0,8 m/s para testar se o desconforto causado pelo caudal de ar ocorre na zona ocupada. Para todos os casos, quase não se regista qualquer fluxo de ar de nível desconfortável na zona ocupada. A velocidade média do caudal de ar é de 0,11 m/s e é apresentada na Tabela 3.4.

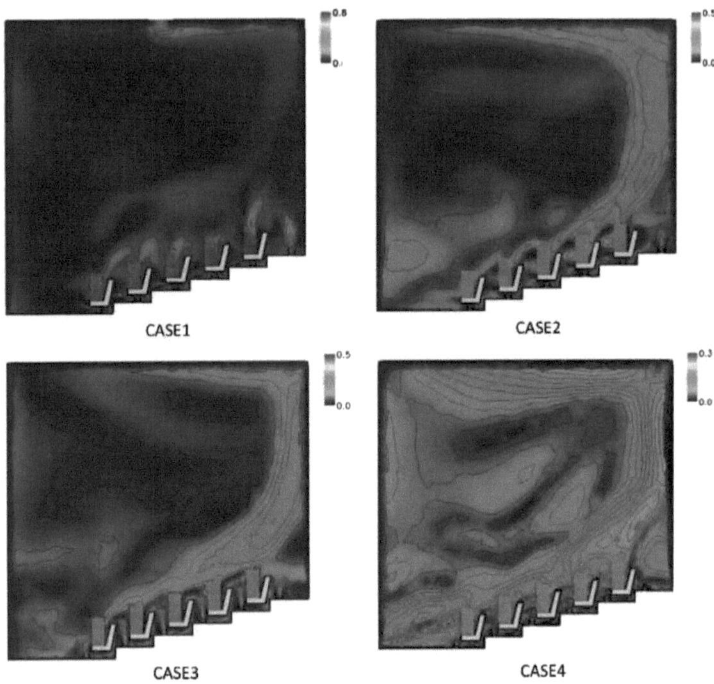

Figura 3.13: Distribuição do fluxo de ar no espaço do modelo (Fonte: Kim et. al., 2013)

Tabela 3.4: Velocidade do ar na zona ocupada e desocupada para os casos (m/s) (Fonte: Kim et. al., 2013)

	Case 1	Case 2	Case 3	Case 4
Mean occupied	0.11	0.11	0.11	0.097
Mean unoccupied	0.09	0.09	0.081	0.08
	Case 1	Case 2	Case 3	Case 4
Max. occupied	0.87	0.53	0.53	0.32
Max. unoccupied	0.71	0.46	0.46	0.36

O fluxo de ar nos casos 1 e 2 pode ser inicialmente bloqueado, uma vez que os difusores se encontram sob os bancos, o que faz com que o fluxo de ar tenda a ser mais lento. Nos casos 3 e 4, em que os difusores estão situados à frente dos bancos, o ar de alimentação injetado pelos difusores pode atingir diretamente os ocupantes. No entanto, isto também pode ser uma vantagem, uma vez que é possível controlar pessoalmente a velocidade do fluxo de ar de alimentação e, assim, poupar a energia necessária para as ventoinhas.

A distribuição da temperatura no espaço do teatro é mostrada na Fig. 3.14, não há grande variação de temperatura na zona ocupada.

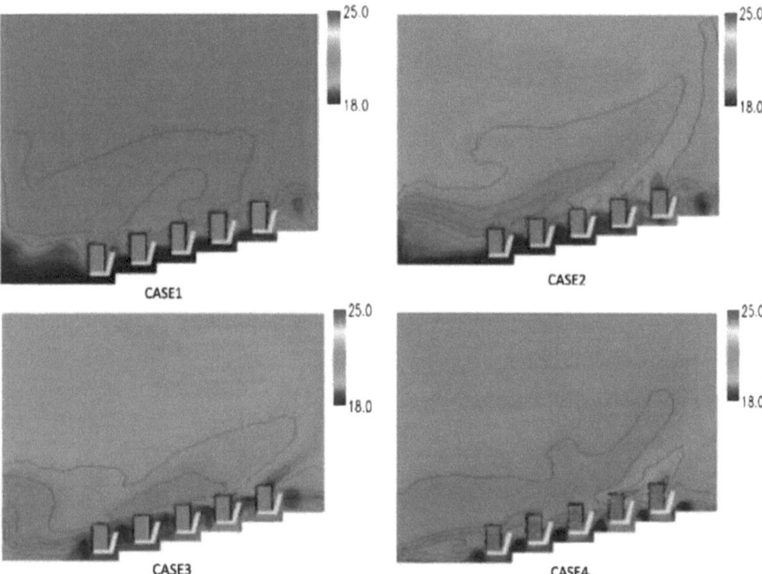

Figura 3.14: Distribuição da temperatura no espaço do modelo (Fonte: Kim et. al., 2013)

A Tabela 3.5 mostra a temperatura nas zonas ocupadas e desocupadas, observando-se que ocorreu uma grande variação devido à velocidade do ar de alimentação e à localização dos difusores. A velocidade do fluxo de ar depende muito da impedância do ar de entrada no caso de os difusores estarem instalados por baixo das cadeiras, onde se registou uma temperatura mais elevada numa posição relativamente mais baixa. Quando os difusores são instalados em frente das cadeiras, o ar é fornecido facilmente devido à menor impedância de injeção, provocando assim uma distribuição mais uniforme da temperatura. Um fornecimento de ar mais rápido resultaria numa distribuição mais uniforme da temperatura, no entanto, poderia ocorrer um fluxo de ar desconfortável quando a velocidade do fluxo de ar fosse superior a 0,8 m/s.

Tabela 3.5: Temperatura média nas zonas ocupadas e desocupadas (Fonte: Kim et. al., 2013)

Zones	Case 1	Case 2	Case 3	Case 4
Occupied	20.86	19.61	21.18	23.58
Unoccupied	23.00	21.10	22.98	25.91

3.3.3 Conclusão

Em conclusão, um sistema UFAD pode proporcionar muitas vantagens, tais como eficiência energética, satisfação dos ocupantes, flexibilidade do espaço, controlos individuais, etc. Observa-se que o fluxo de ar de um sistema UFAD sobe na direção diagonal, influenciando assim o padrão geral do fluxo de ar. A análise também mostra que o caudal de ar desconfortável não ocorre à velocidade média de 0,11 m/s.

Ao longo da experiência, não se verificam grandes variações de temperatura, no entanto, a temperatura média resulta em valores diversos quando se consideram a velocidade do fluxo de ar e a localização dos difusores. A partir desta análise inicial, um sistema UFAD parece oferecer muitas vantagens. No entanto, é necessária investigação adicional sobre outras variáveis-chave para este tipo de estudo.

3.4 Comparação global de estudos anteriores

A comparação entre os estudos efectuados por diferentes investigadores em diferentes países é categorizada e resumida na Tabela 3.6. A velocidade do caudal de ar e a temperatura destes estudos são comparadas com o valor recomendado pelas normas MS 1525: 2014.

Tabela 3.6: Comparação de estudos anteriores

Researcher(s)	Medium	Air-Conditioner Type	Desciption	Supplied Air Parameters	Average Measured Air Parameters	Average Simulated Air Parameters
MS 1525 : 2007	-	-	-	-	v = 0.15 - 0.5 m/s T = 23 - 26°C	-
Pereira et. al. (2012, Brazil)	Classroom with flat floor	Split unit (1 port)	Temperature and velocity at 7 points with 5 different height are recorded, PMV and PPD are determined	v = 3.00 m/s T = 15.0°C	v = 0.26 m/s T = 22.3°C	v = 0.23 m/s T = 21.0°C
Cheong et. al. (2001, Singapore)	Lecture Theatre with flat floor	Centralized system (9 ports)	Temperature, airflow rate and RH are recorded at 6 points, CO_2 concentration and temperature difference with time are determined	v = 2.88 m/s T = 20.0°C	v = 0.12 m/s T = 23.0°C RH = 0.69	v = 0.12 m/s T = 24.8°C
Kim et. al. (2013, Korea)	Large Stratified Indoor Building	Underfloor air distribution system (18 ports)	Temperature and airflow rate are recorded for air with different supply rate, same parameters are recorded by considering the existance of human load	v = 0.3 to 0.8 m/s T = 18.0°C	-	v = 0.08 to 0.09 m/s T= 21.1 to 25.9 °C
Ruponen M. and Tinker J.A. (2007, Finland)	Test Room	Split unit (1 port)	Temperature and airflow rate are recorded for with and without with presence of heat load under different temperature supplied	v = 50 L/s T = 19.2 and 23°C	v = 0.21 m/s -	v = 0.18 m/s -
Li et al. (2009, China)	Train Station Building Waiting Room	Centralized system (Side supply, artificial pillar supply and ceiling supply)	Temperature and airflow rate are recorded at the hight of 1.5m from the floor for 9 different points	v = 4.68 m/s T = 20°C	v ~ 0.2 m/s T ~ 26.1°C	v = 0.32 m/s T = 25.96°C

CAPÍTULO 4

METODOLOGIA

Este capítulo aborda a metodologia relacionada com a obtenção dos dados necessários, tanto a nível experimental como numérico. As condições de fronteira da sala de aula, os instrumentos utilizados para obter os dados experimentais e os passos envolvidos na simulação do fluxo de ar utilizando o FLUENT são também abordados neste capítulo. O processo da metodologia de investigação é apresentado na Fig. 4.1.

Para obter um conjunto de dados de maior precisão, é importante garantir que a sala de conferências selecionada seja ventilada adequadamente por unidades ACMV em bom estado, com referência ao método utilizado por Johnson et. al. (2002). Além disso, a sala de conferências tem de ser um espaço confinado com volume constante, pelo que o processo de ventilação depende totalmente das unidades ACMV. O arranjo interior é sempre considerado, enquanto a presença do arranjo interior e da carga humana será simulada utilizando ANSYS.

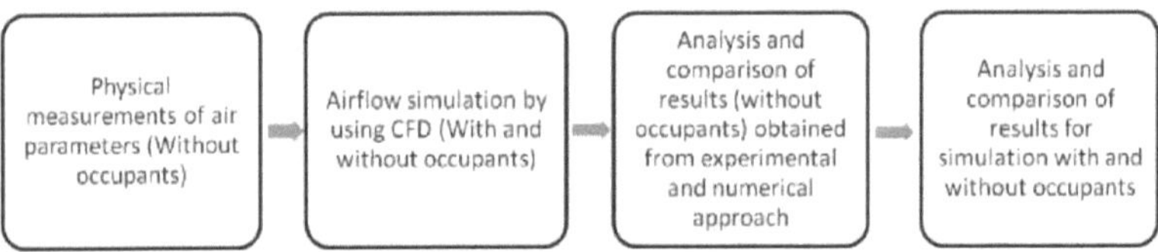

Figura 4.1: Metodologia de investigação

Neste estudo, a sala de conferências selecionada tem capacidade para 124 pessoas sentadas, com a dimensão de 20,87 m de comprimento, 8,73 m de largura e 2,78 m de altura.

4.1 Método experimental

A medição física da sala de conferências é efectuada com uma fita métrica para medir a dimensão da sala, incluindo a altura, o comprimento e a largura da sala de conferências. A dimensão do arranjo interior também está a ser medida. Os pontos onde se efectua a leitura estão divididos uniformemente em 30 zonas, que variam entre 1,455 m e 3 m, como mostra a Fig. 4.2.

Para medir a velocidade e a temperatura do fluxo de ar, é utilizado um anemómetro, como mostra a Fig. 4.3. O anemómetro é colocado a uma altura de 1,1 m do chão, onde o banco está fixado, para efetuar a leitura (Shaun, 2014). O anemómetro apresenta no ecrã LED a temperatura e a velocidade do fluxo de ar detectadas pelo sensor. O intervalo de temperatura do ar detetável para este dispositivo é de -17,8°C a 93,3°C.

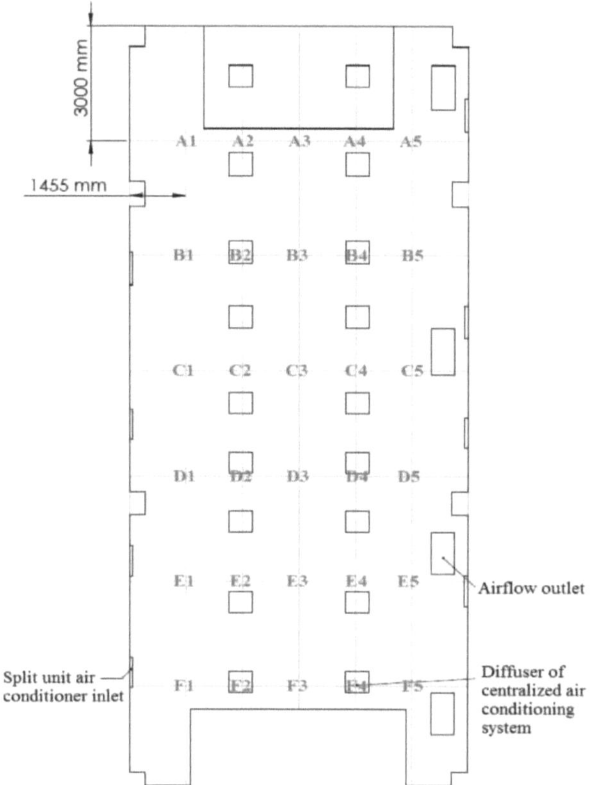

Figura 4.2: Planta de implantação dos pontos de medição

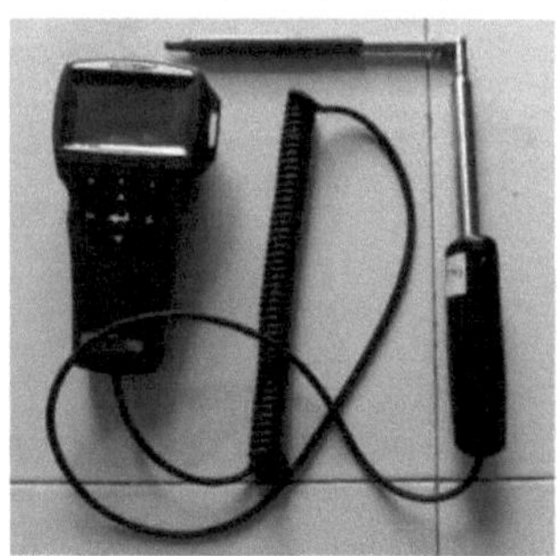

Figura 4.3: Anemómetro

Os procedimentos experimentais deste projeto são os seguintes:

i. Foi selecionada uma sala de conferências situada em Pusat Pengajian Siswazah (PPS), como se mostra na Fig. 4.4.

ii. Os aparelhos de ar condicionado centralizados e os aparelhos de ar condicionado de unidades fraccionadas são ligados. Os aparelhos de ar condicionado split são regulados para uma temperatura de 26°C com uma velocidade de fluxo de ar mínima. Em seguida, é deixado durante uma hora para que a temperatura e a velocidade do fluxo de ar se mantenham estáveis enquanto os dados são recolhidos (Shaun, 2014).

iii. O anemómetro é deixado num ponto (1,1 m acima do chão onde o assento está fixado, como mostra a Fig. 4.5) durante 5 minutos para ser estabilizado antes de os dados serem recolhidos (Shaun, 2014).

iv. O anemómetro é deixado durante 3 minutos para registar os dados (Shaun, 2014).

v. O passo iv é repetido para medir a temperatura e a velocidade do fluxo de ar à saída dos aparelhos de ar condicionado centralizado e split quando o anemómetro tiver estabilizado.

Figura 4.4: Sala de aula para análise do caudal de ar

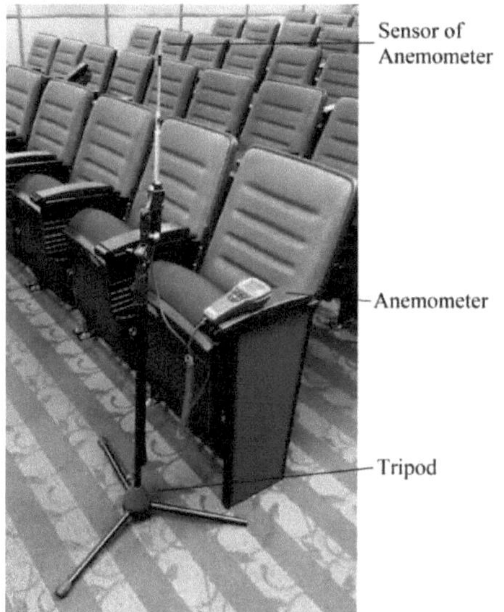

Figura 4.5: Recolha de dados através de um anemómetro

4.2 Método numérico

A abordagem numérica para analisar os parâmetros do ar na sala de aula é efectuada através da simulação do fluxo de ar em dois casos: com e sem carga humana. As definições da simulação para com e sem carga humana são as mesmas, exceto no que se refere às condições de fronteira na configuração, que serão analisadas em pormenor na secção seguinte.

A Fig. 4.6 mostra os processos envolvidos na simulação do fluxo de ar. A otimização é feita repetidamente na melhoria da geometria, nos tipos de malha, na seleção de diferentes modelos de k-epsilon, na definição das condições de fronteira e nos métodos de solução, de modo a obter os melhores resultados da simulação do fluxo de ar sem ocupantes, com base no valor medido. Por último, são aplicadas as mesmas definições para a simulação do caudal de ar na sala de aula, considerando a presença de carga humana.

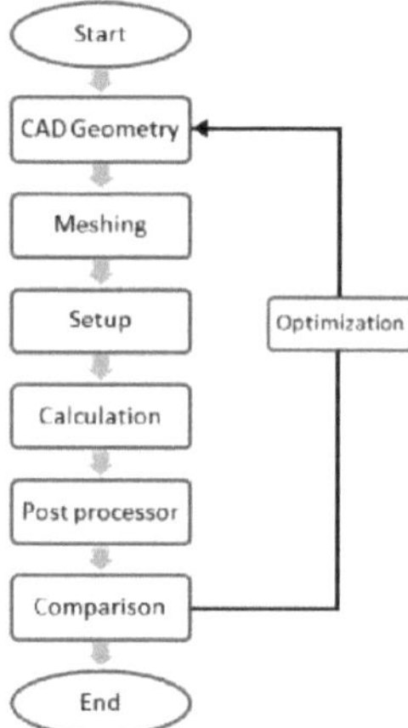

Figura 4.6: Processos de simulação do caudal de ar

4.2.1 Geometria

Para simular o fluxo de ar utilizando o FLUENT, a geometria da sala de aula é desenhada utilizando o software SolidWorks. A disposição interior, como as unidades ACMV e o mobiliário, também é considerada e incluída no mesmo ficheiro. O desenho CAD é guardado no formato de ficheiro Parasolid (.x_t) para que possa ser lido e importado para o FLUENT. O desenho CAD da sala de conferências é apresentado na Fig. 4.7, enquanto a Fig. 4.8 é a comparação da sala de conferências com e sem ocupantes.

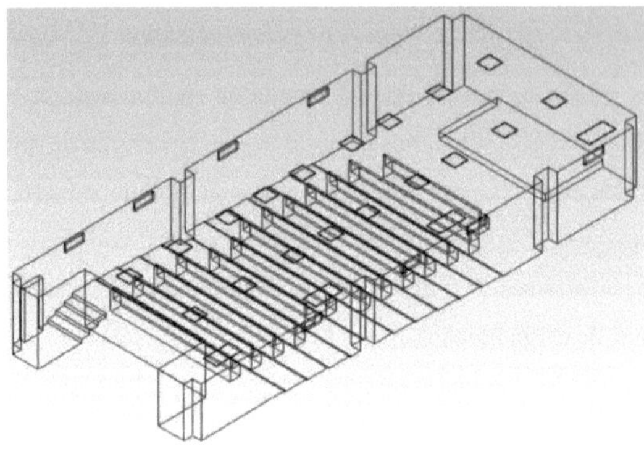

Figura 4.7: Vista isométrica da sala de conferências

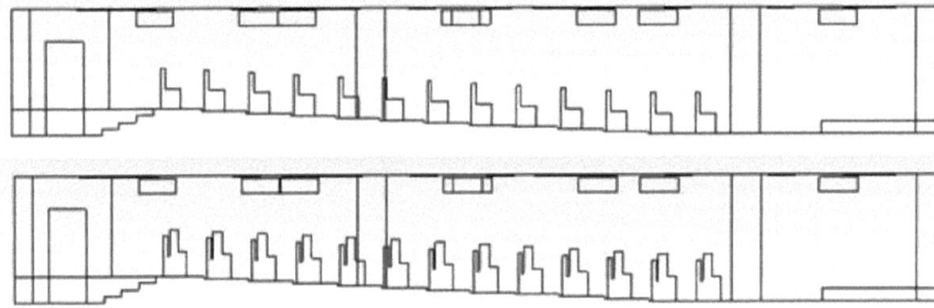

Figura 4.8: Vista lateral da sala de conferências. Sem ocupantes (em cima) e com ocupantes (em baixo)

4.2.2 Malha

O processo de criação de malhas nesta secção é efectuado seleccionando as opções apresentadas na Tabela 4.1 para os detalhes de dimensionamento, a fim de obter resultados mais precisos, enquanto as predefinições são mantidas para as outras opções. Uma boa malha ajuda o solucionador CFD a convergir para um resultado aceitável (John, 2012). Por conseguinte, é importante garantir uma boa qualidade da malha para efeitos de simulação.

As estatísticas da malha para ambas as geometrias e ambos os casos são apresentadas na Tabela 4.2.

Tabela 4.1: Detalhes do dimensionamento da malha

Dimensionamento	
Centro de Relevância	Ótimo
Alisamento	Elevado
Transição	Rápido

Tabela 4.2: Estatísticas da malha

	Sem ocupantes	**Com ocupantes**
Nós	14892	15731

Elementos	65283	67677

A seleção do nome é importante quando se atribuem condições de fronteira para a configuração da simulação. A seleção do nome está listada na Tabela 4.3.

Tabela 4.3: Seleção de nomes para cada condição de fronteira

Selecções	Nome
Entrada de ar condicionado do sistema centralizado	Entrada centralizada
Entrada de ar condicionado de sistema split	Entrada dividida
Saída do fluxo de ar	Saída
Geometria dos ocupantes (Para simulação com ocupantes)	Ocupantes

4.2.3 Configuração do problema

Antes da configuração do problema, a precisão dupla no FLUENT launcher é selecionada para produzir uma previsão de arrasto mais precisa. O processo de configuração do problema é iniciado com a verificação da qualidade da malha. As malhas com uma assimetria superior a 0,9 são convertidas em malhas poliédricas.

Assume-se que o escoamento do fluido é incompressível, estável e tridimensional (Shaun, 2014). Por conseguinte, é selecionada a definição predefinida para o solucionador da configuração geral do problema, conforme indicado no Quadro 4.4.

Tabela 4.4: Configuração do solucionador do problema geral

Tipo	À base de pressão
Formulação da velocidade	Absoluto
Tempo	Firme

Uma vez que o fluxo de ar flutua nesta simulação, deve ser selecionado um modelo de turbulência. Os resultados do estudo efectuado por Yang et. al. (2009) provam que o modelo de turbulência tridimensional k-8 é adequado para o cálculo do campo de caudal de ar interior com ar condicionado. Foi selecionado o modelo com os detalhes apresentados na Tabela 4.5.

Quadro 4.5: Seleção do modelo

Energia	Em
Viscoso	K-epsilon padrão (2 eqn)
	Fn de parede standard

Posner & Rim (2008) e Chen (1995) afirmam que o modelo RNG k-ε é uma boa solução para a simulação do ar em recintos fechados. Posner sugeriu que o modelo RNG k-ε é melhor porque um edifício interior é geralmente delimitado por paredes e, por conseguinte, existem regiões onde o número de Reynolds é baixo, enquanto o RNG é válido tanto para escoamentos com número de

Reynolds baixo como alto, ao contrário do modelo k-ε padrão que se baseia no pressuposto de que o escoamento com número de Reynolds alto é apenas um escoamento com número de Reynolds alto. Além disso, Posner também mencionou que o modelo RNG k-ε tem as equações governantes que podem ser integradas através da camada limite turbulenta na subcamada viscosa adjacente à parede, pelo que não são necessárias as funções de parede utilizadas no modelo padrão.

O estudo efectuado por Rim et. al. (2008) mostra que o modelo RNG k-ε calcula o campo de temperatura e o perfil de velocidade nos edifícios residenciais com elevada precisão. A aplicação do modelo RNG k-ε também foi comprovada por Chen (1995) para melhor prever o caudal de ar interior turbulento.

No entanto, os resultados simulados neste estudo mostram que o modelo k-ε padrão tem melhor concordância com os dados experimentais. Por conseguinte, o modelo k-ε padrão é utilizado na simulação de ar deste projeto. A definição das condições de contorno é apresentada na Tabela 4.6. A magnitude da velocidade e a temperatura do sistema de ar condicionado centralizado e da unidade de ar condicionado split referem-se ao valor medido com um anemómetro.

Tabela 4.6: Definição das condições de fronteira

Zona de fronteira	Componente	Valor/ Método
Entrada centralizada	Especificação Magnitude da velocidade Temperatura	k-ε 0,19 m/s 20.3 °C
Entrada dividida	Especificação Magnitude da velocidade Temperatura	k-ε 1,42 m/s 19.7 °C
Saída	Ponderação da taxa de escoamento	1
Ocupantes (Apenas para simulação com ocupantes)	Parede Temperatura	Parede fixa 32 °C

4.2.4 Solução

A definição dos métodos de solução é apresentada no Quadro 4.7. O método de solução utilizado é o método upwind de segunda ordem para os três momentos, a energia cinética turbulenta e a taxa de dissipação turbulenta, a fim de obter um resultado mais exato.

Tabela 4.7: Definição dos métodos de solução

Acoplamento pressão-velocidade	
Esquema	SIMPLES
Discretização espacial	

Gradiente	Mínimos quadrados baseados em células
Pressão	Padrão
Momento	Vento ascendente de segunda ordem
Energia cinética turbulenta	Vento ascendente de segunda ordem
Taxa de dissipação turbulenta	Vento ascendente de segunda ordem
Energia	Vento ascendente de segunda ordem

Para os resíduos na secção de solução dos monitores, os critérios absolutos de todos os resíduos são definidos como 1×10^{-6} convergência. É apresentado um aviso na consola informando que a tolerância de convergência de 1e-06 não foi atingida durante a Inicialização Híbrida quando o número de iterações está definido no valor predefinido de 10. Isto significa que o número de iterações predefinido não é suficiente (SHARCNET, 2011). Assim, o número de iterações é definido para 20 e o fluxo é reinicializado.

Por fim, o caso está a ser verificado para que sejam feitas mais melhorias antes de executar o cálculo. São efectuadas 300 iterações para o processo de simulação.

CAPÍTULO 5

RESULTADOS E ANÁLISE

A análise dos resultados nesta secção está dividida em duas partes: a primeira parte é a investigação do fluxo de ar da sala de aula sem carga humana e a segunda parte com carga humana. Os parâmetros físicos, nomeadamente a velocidade e a temperatura do fluxo de ar, são comparados entre a simulação e as medições, a fim de validar os resultados obtidos com a abordagem numérica. A distribuição dos parâmetros do ar é então analisada, seguindo-se a comparação e análise do fluxo de ar com e sem ocupantes na sala de aula.

5.1 Investigação do ar na sala de conferências sem carga humana

5.1.1 Temperatura

A temperatura na sala de aula, tanto do método de medição como de simulação, é tabelada e a percentagem de erro é apresentada no Quadro 5.1. A temperatura média medida na sala de aula sem ocupantes é de 20,2 °C. A Fig. 5.1 mostra o gráfico de comparação entre o valor medido e simulado da temperatura do ar. A variação da temperatura do valor medido é muito maior do que a do valor simulado.

O valor mais alto da temperatura medida é observado no ponto E4, com um valor de 20,9 °C, enquanto a temperatura mais baixa é de 19,8 °C no ponto A4. Pode observar-se que, em todos os pontos de medição, existe uma boa concordância entre o valor medido e o valor simulado da temperatura. A percentagem máxima de erro é de 4,7% no ponto E4, enquanto a percentagem média de erro é calculada em 1,5%.

Tabela 5.1: Comparação da temperatura medida e simulada na sala de aula

Point	Temperature														
	1			2			3			4			5		
	M (°C)	S (°C)	PE (%)	M (°C)	S (°C)	PE (%)	M (°C)	S (°C)	PE (%)	M (°C)	S (°C)	PE (%)	M (°C)	S (°C)	PE (%)
A	20.7	20.11	2.9	20.0	20.10	0.5	20.1	20.09	0.1	19.8	20.13	1.7	19.9	20.08	0.9
B	20.2	20.04	0.8	19.9	20.00	0.5	20.0	19.96	0.2	19.9	19.95	0.3	19.9	19.96	0.3
C	20.0	20.00	0.0	20.0	19.97	0.2	20.0	19.92	0.4	20.2	19.90	1.5	19.9	19.90	0.0
D	19.9	19.92	0.1	20.0	19.92	0.4	20.1	19.90	1.0	20.5	19.99	2.5	20.0	19.92	0.4
E	20.0	19.92	0.4	20.2	19.90	1.5	20.4	19.90	2.5	20.9	19.91	4.7	20.3	19.92	1.9
F	20.4	19.84	2.7	20.5	19.84	3.2	20.7	19.88	4.0	20.8	19.91	4.3	20.8	19.94	4.1

* M - Valor medido

S - Valor simulado

PE - Percentagem de erro

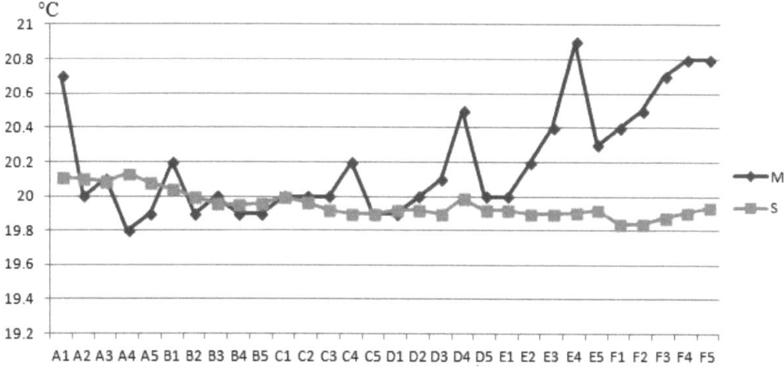

Figura 5.1: Gráfico do valor medido e simulado da temperatura

A Fig. 5.2 mostra a distribuição simulada da temperatura na secção transversal da sala de conferências, variando entre 19,7°C e 20,29°C.

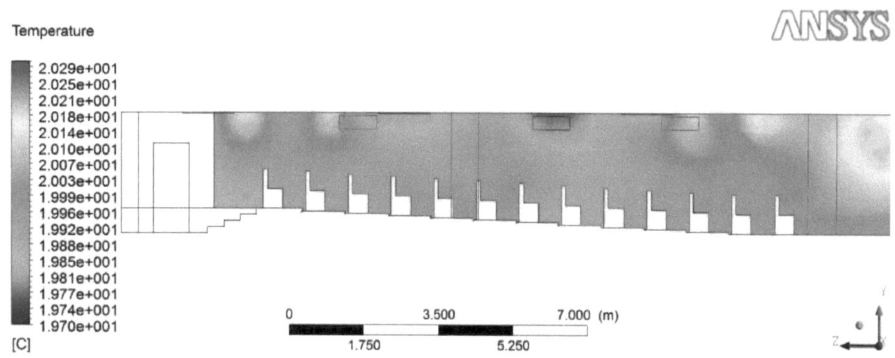

Figura 5.2: Contorno de temperatura do espaço do modelo

A parte central da sala de conferências mantém-se a uma temperatura mais baixa em comparação com a parte da frente e de trás da sala de conferências, onde não existe uma unidade de ar condicionado split. A temperatura do ar mais baixa foi de cerca de 19,7°C, observada no ponto em que o ar condicionado é fornecido diretamente por uma unidade de ar condicionado split localizada no centro da vista em corte transversal da sala de aula, como se mostra na Fig. 5.1. No entanto, a variação da distribuição da temperatura é muito pequena e insignificante na sala de conferências.

5.1.2 Velocidade do caudal de ar

A Tabela 5.2 mostra os resultados da velocidade do caudal de ar medida e simulada. A velocidade média do caudal de ar medida na sala de conferências é de 0,145 m/s, enquanto a velocidade média do caudal de ar simulada é de 0,175 m/s, o que é superior ao valor real. O gráfico do valor medido e simulado da velocidade do caudal de ar é apresentado na Fig. 5.3. Tanto o valor medido como o simulado apresentam um padrão gráfico semelhante, com uma flutuação consideravelmente grande da velocidade do fluxo de ar em diferentes pontos da sala de aula.

A velocidade mais elevada do valor medido é de 0,23 m/s nos pontos A3 e F4, enquanto que para o valor simulado, a velocidade mais elevada é observada no ponto F3 com o valor de 0,313 m/s. A velocidade mais baixa do valor medido é de 0,04 m/s no ponto F1 e de 0,027 m/s no ponto A3 para o valor simulado. Observa-se uma grande diferença entre os valores medidos e simulados no ponto A3.

A diferença entre os valores medidos e simulados da velocidade do caudal de ar é superior à da temperatura, com um erro percentual médio de 53,8%. De acordo com Liu et al. (2007), a velocidade do fluxo de ar é geralmente muito baixa e está sempre a flutuar na realidade, pelo que é difícil efetuar uma medição exacta. Liu também afirmou que os erros entre o valor medido e o valor simulado se devem ao modelo físico, que é simplificado com base na estrutura real, pelo que nem todos os pormenores são incluídos na geometria. Para além disso, existem erros inevitáveis do modelo numérico, como o erro de arredondamento e o erro de discretização, e existem também diferenças entre as condições simuladas e as condições reais.

Tabela 5.2: Comparação da velocidade do caudal de ar medida e simulada na sala de aula

Point	Airflow Rate														
	1			2			3			4			5		
	M (m/s)	S (m/s)	PE (%)	M (m/s)	S (m/s)	PE (%)	M (m/s)	S (m/s)	PE (%)	M (m/s)	S (m/s)	PE (%)	M (m/s)	S (m/s)	PE (%)
A	0.08	0.070	12.5	0.08	0.043	46.3	0.23	0.027	88.3	0.09	0.060	33.3	0.17	0.175	2.9
B	0.13	0.105	19.2	0.14	0.030	78.6	0.18	0.224	24.4	0.17	0.284	67.1	0.11	0.240	118.2
C	0.10	0.154	54.0	0.15	0.092	38.7	0.25	0.309	23.6	0.07	0.151	115.7	0.15	0.107	28.7
D	0.12	0.146	21.7	0.16	0.108	32.5	0.19	0.290	52.6	0.14	0.099	29.3	0.14	0.151	7.9
E	0.07	0.105	50.0	0.18	0.154	14.4	0.19	0.251	32.1	0.21	0.298	41.9	0.17	0.301	77.1
F	0.04	0.066	65.0	0.16	0.291	81.9	0.16	0.313	95.6	0.23	0.297	29.1	0.09	0.297	230.0

* M - Valor medido

S - Valor simulado

PE - Percentagem de erro

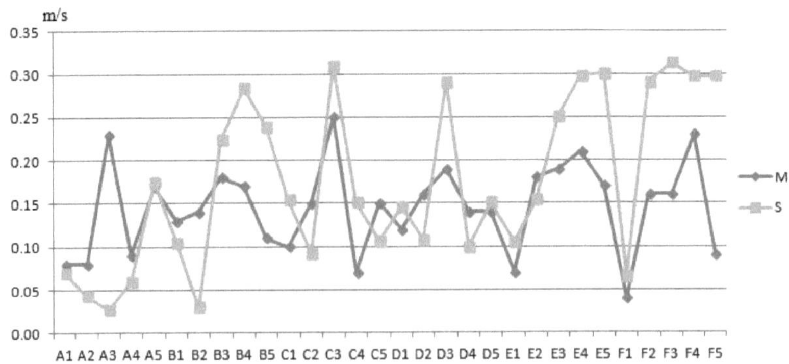

Figura 5.3: Gráfico do valor medido e simulado da velocidade do caudal de ar

A Fig. 5.4 mostra as trajectórias da magnitude da velocidade. O caudal de ar mais elevado encontra-se na entrada, onde as unidades de ar condicionado split fornecem ar arrefecido. O caudal de ar fornecido pelo sistema de ar condicionado centralizado é geralmente baixo, como mostra a Fig. 5.4. Também se nota que o caudal de ar não está distribuído uniformemente pela sala de aula, no entanto, a velocidade do caudal de ar é mantida no valor recomendado pela MS 1525: 2014. Por conseguinte, não é provável que os ocupantes sintam correntes de ar que lhes causem desconforto e insatisfação no ambiente térmico. Além disso, observa-se também que a velocidade do caudal de ar em torno do mobiliário (assentos dos estudantes) é inferior à de outras regiões.

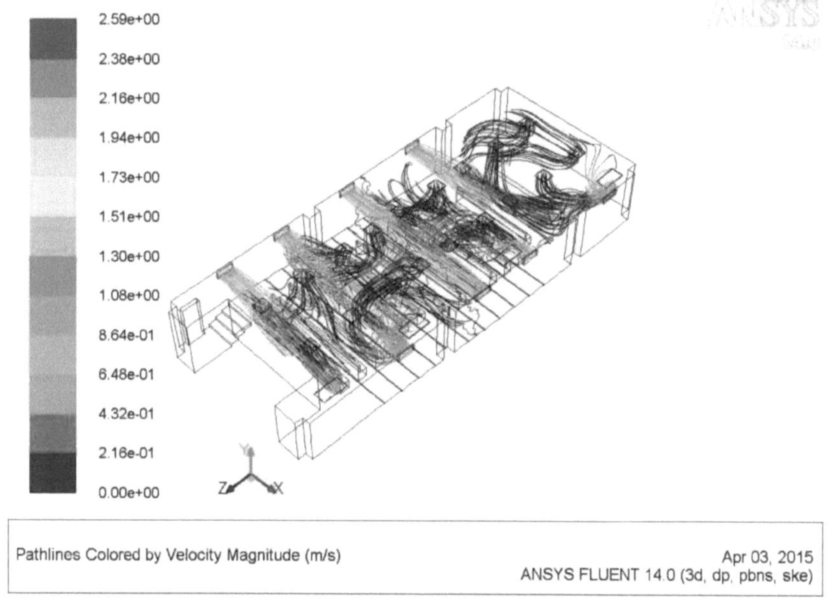

Figura 5.4: Linhas de magnitude da velocidade

5.2 Investigação do fluxo de ar numa sala de aula com carga humana

5.2.1 Temperatura

A Tabela 5.3 mostra a comparação do valor da temperatura simulada da sala de aula com e sem carga humana. Os dados são depois representados num gráfico de barras, como se mostra na Fig. 5.5, para mostrar a diferença de temperatura do ar para a simulação com e sem ocupantes. Na simulação com ocupantes, a temperatura é, em média, 0,76 °C mais elevada em todos os pontos.

Tabela 5.3: Diferença de temperatura da simulação com e sem ocupantes

Point	Temperature (°C)									
	1		2		3		4		5	
	Wt. O	W. O	Wt. O	W. O	Wt. O	W. O	Wt. O	W. O	Wt. O	W. O
A	20.11	20.32	20.10	20.35	20.09	20.44	20.13	20.42	20.08	20.37
B	20.04	20.58	20.00	20.94	19.96	20.39	19.95	20.42	19.96	20.66
C	20.00	20.80	19.97	21.10	19.92	20.41	19.90	20.46	19.90	20.82
D	19.92	20.82	19.92	20.72	19.90	20.33	19.99	20.35	19.92	20.38
E	19.92	20.66	19.90	20.38	19.90	20.29	19.91	20.27	19.92	20.51
F	19.84	20.49	19.84	20.41	19.88	20.34	19.91	20.32	19.94	20.32

* Peso. O - Sem ocupantes

W. O - Com ocupantes

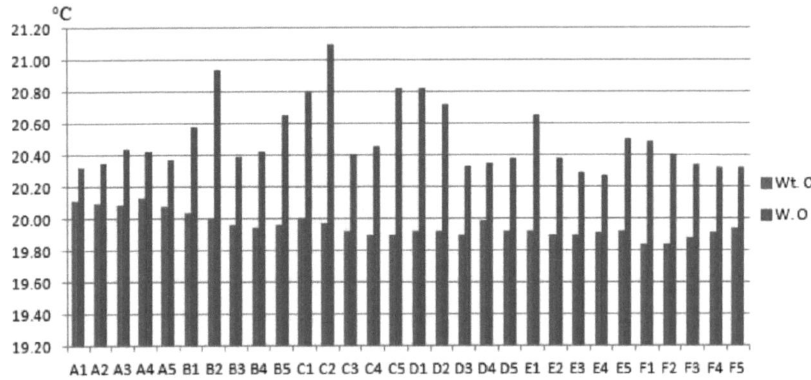

Figura 5.5: Comparação da temperatura do ar para a simulação com e sem ocupantes

Observa-se que a temperatura da sala de aula com ocupantes é inconsistente, onde a diferença de temperatura em cada ponto é maior. A temperatura da simulação sem ocupantes mantém-se no valor próximo um do outro para cada ponto.

A Fig. 5.6 mostra a comparação da distribuição da temperatura na sala de aula para a simulação com e sem carga humana. Observa-se uma temperatura baixa na entrada do ar condicionado arrefecido por uma unidade de ar condicionado split. As extremidades dianteira e traseira da sala de aula mantiveram-se a uma temperatura mais elevada em ambas as simulações.

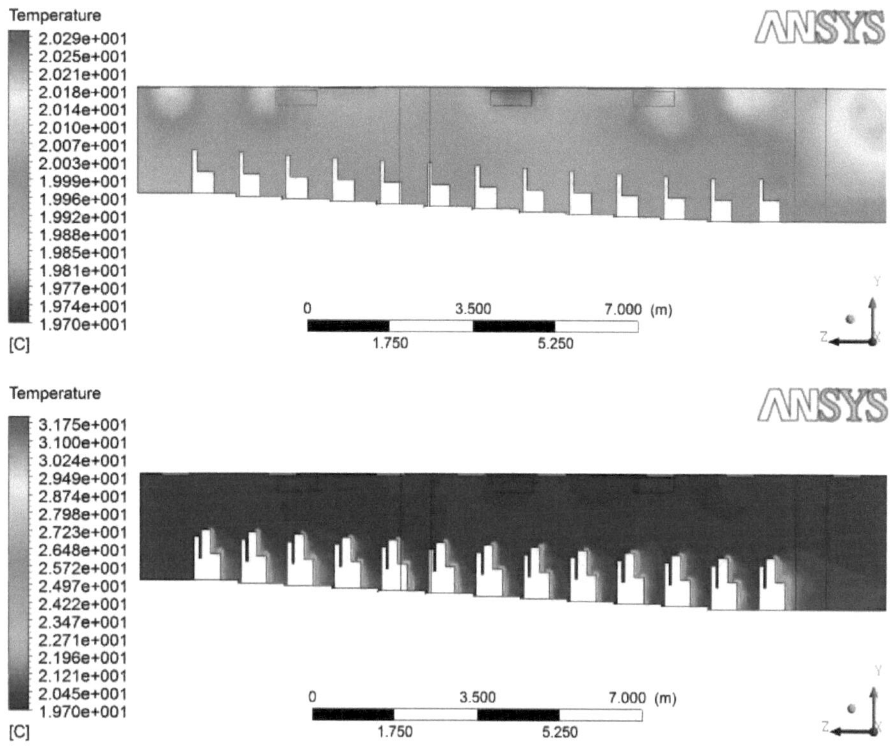

Figura 5.6: Comparação da distribuição da temperatura para a simulação sem ocupantes (em cima) e com ocupantes (em baixo)

5.2.2 Velocidade do caudal de ar

A comparação da simulação da velocidade do fluxo de ar com e sem a presença de carga humana é apresentada na Tabela 5.4. A comparação da velocidade do fluxo de ar para a simulação com e sem ocupantes é mostrada na Fig. 5.7 sob a forma de gráfico de barras. A velocidade do fluxo de ar com ocupantes é maior, em média, 0,003 m/s, porém, observa-se que a velocidade do fluxo de ar com ocupantes é menor em algumas regiões. Acredita-se que o fluxo de ar é obstruído quando os ocupantes estão presentes, portanto, a velocidade do fluxo de ar é menor em algumas regiões.

Tabela 5.4: Diferença de velocidade do caudal de ar da simulação com e sem ocupantes

Point	Airflow Rate (m/s)									
	1		2		3		4		5	
	Wt. O	W. O	Wt. O	W. O	Wt. O	W. O	Wt. O	W. O	Wt. O	W. O
A	0.070	0.048	0.043	0.032	0.027	0.041	0.060	0.049	0.175	0.168
B	0.105	0.093	0.030	0.066	0.224	0.266	0.284	0.285	0.240	0.239
C	0.154	0.137	0.092	0.133	0.309	0.346	0.151	0.200	0.107	0.166
D	0.146	0.110	0.108	0.101	0.290	0.236	0.099	0.136	0.151	0.158
E	0.105	0.093	0.154	0.166	0.251	0.271	0.298	0.233	0.301	0.234
F	0.066	0.089	0.291	0.305	0.313	0.307	0.297	0.315	0.297	0.322

* Peso. O - Sem ocupantes

W. O - Com ocupantes

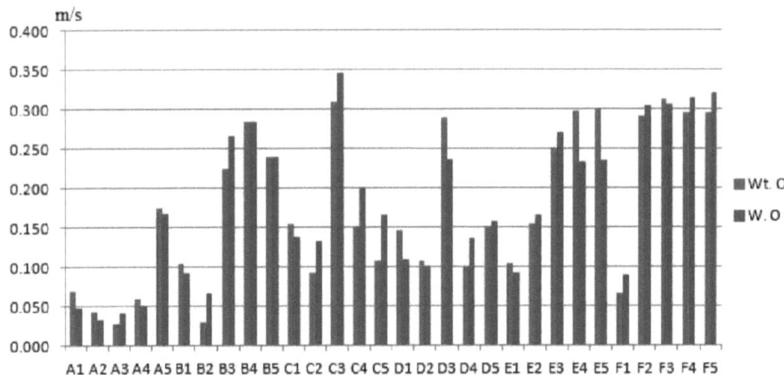

Figura 5.7: Comparação da velocidade do fluxo de ar para a simulação com e sem ocupantes

O gráfico da Fig. 5.7 mostra uma diferença menor para a simulação da velocidade do fluxo de ar com e sem carga humana, em comparação com a simulação da temperatura do ar. O padrão do gráfico também é semelhante, independentemente da existência da carga humana.

A Fig. 5.8 mostra a comparação da velocidade do caudal de ar na sala de conferências para a simulação com ocupantes e sem ocupantes.

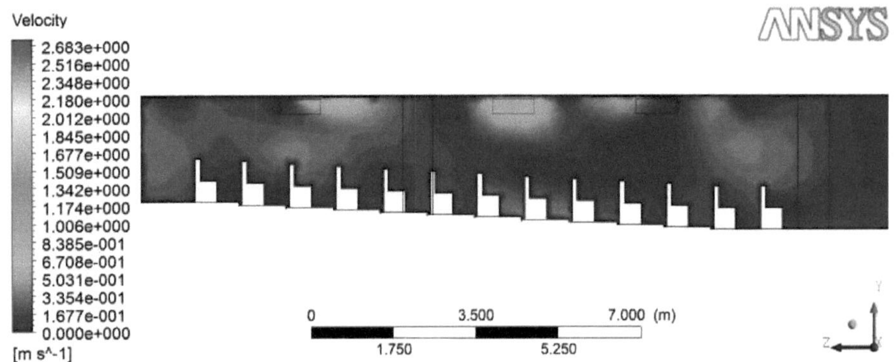

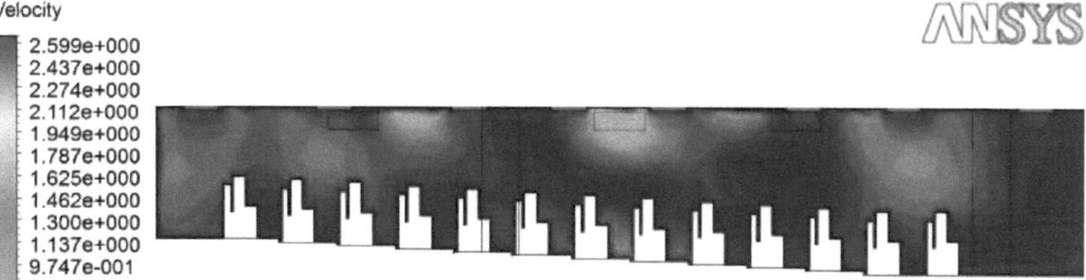

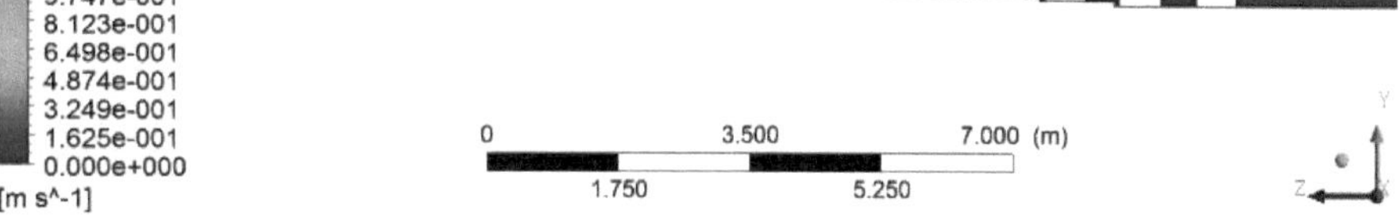

Figura 5.8: Comparação da distribuição da velocidade do caudal de ar para a simulação sem ocupantes (em cima) e com ocupantes (em baixo)

A velocidade máxima mais elevada é observada na simulação sem a presença de carga humana. A velocidade do fluxo de ar que envolve os ocupantes e os bancos parece ser baixa em ambas as simulações. Os resultados simulados para a maior parte da região em que se observa que a velocidade do fluxo de ar é mais elevada com a presença de carga humana estão de acordo com a investigação efectuada por Liu.

5.3 Análise da velocidade e da temperatura do ar

Para um conforto térmico ótimo num edifício interior e uma elevada eficiência energética, é recomendado pela MS 1525: 2014 que a temperatura do ar deve ser mantida entre 23°C e 26°C, enquanto a velocidade do ar não deve exceder 0,7 m/s.

A partir do valor medido dos parâmetros do ar na sala de conferências sem ocupantes, a temperatura média é de 20,2°C, o que é inferior ao valor recomendado pela MS 1525. A baixa temperatura na sala de conferências pode provocar um maior consumo de eletricidade e a insatisfação térmica dos ocupantes. Por conseguinte, a temperatura poderia ser aumentada em 3 °C para obter uma maior eficiência energética e conforto térmico.

O valor médio medido da velocidade do caudal de ar na sala de aula é de 0,145 m/s, valor inferior à velocidade máxima do caudal de ar recomendada pela norma MS 1525. Por conseguinte, presume-se que os ocupantes estão satisfeitos com a velocidade do caudal de ar, não tendo de enfrentar uma experiência desagradável de corrente de ar.

CAPÍTULO 6

CONCLUSÃO E RECOMENDAÇÕES

6.1 Conclusão

Em conclusão, os estudos sobre o fluxo de ar num edifício interior são essenciais. Uma sala mal ventilada ou com temperaturas e humidade extremas causa desconforto aos ocupantes. Além disso, a velocidade do caudal de ar deve ser inferior a 0,7 m/s para evitar que os ocupantes tenham uma experiência desagradável com a corrente de ar.

Para a análise dos parâmetros do ar sem ocupantes, a temperatura do ar simulada é geralmente ligeiramente inferior ao valor real. O valor medido e o valor simulado estão de acordo. Relativamente à velocidade do fluxo de ar, o valor simulado é superior ao valor real. A diferença entre o valor simulado e o valor medido é consideravelmente grande, no entanto, está dentro de um intervalo de variação aceitável. Observa-se também que a velocidade do caudal de ar em torno do mobiliário é inferior à de outras regiões.

Para a análise dos parâmetros do ar com ocupantes, observa-se uma temperatura mais elevada em todos os pontos, enquanto a velocidade do caudal de ar com ocupantes é também ligeiramente mais elevada do que sem ocupantes. Os resultados da velocidade do fluxo de ar estão de acordo com os estudos efectuados por investigadores anteriores.

O conforto térmico pode ser alcançado através do aumento da temperatura, enquanto a velocidade do caudal de ar na sala de conferências é adequada, tendo como referência o valor recomendado pela norma MS 1525.

O número de aparelhos de ar condicionado é adequado para proporcionar uma distribuição homogénea do ar no espaço ocupado. No entanto, é possível obter um efeito de arrefecimento e uma distribuição do fluxo de ar semelhantes reduzindo o número de aparelhos de ar condicionado de unidades separadas, desde que a temperatura fornecida seja reduzida e a velocidade do fluxo de ar aumentada. Além disso, a reorganização das unidades de ar condicionado split é necessária para garantir uma distribuição uniforme do ar.

O resultado obtido com a simulação CFD é essencial, pois pode servir de referência para estudos posteriores de outros investigadores. A adequação da definição e do método de resolução em determinadas situações utilizadas no software de simulação CFD pode ser referida. Neste estudo, ficou provado que o modelo k-epsilon padrão é mais exato do que o modelo RNG k-epsilon para a simulação do ar interior. Por último, mas não menos importante, os estudos efectuados através da comparação dos resultados obtidos com os métodos de medição e de simulação ajudam os investigadores a estimar a fiabilidade do software CFD. O CFD pode ser amplamente utilizado como uma ferramenta de experimentação que gera resultados rapidamente a um custo relativamente baixo, desde que se prove a sua fiabilidade.

6.2 Problemas do estudo

Foram vários os problemas encontrados durante os estudos dos parâmetros do ar na sala de aula. Os problemas são os seguintes:

i. Falta de manutenção no sistema de ar condicionado da sala de aula. A sujidade acumulada nas condutas de ar e nos filtros prejudica a distribuição do ar condicionado na sala de aula, especialmente nos difusores do sistema de ar condicionado centralizado.

ii. Flutuação não controlada durante a medição dos parâmetros de ar para o ar condicionado fornecido. Nos aparelhos de ar condicionado de unidade dividida, os parâmetros do ar fornecido e do ar de retorno são diferentes do valor predefinido. Por conseguinte, é necessário um anemómetro para medir os parâmetros do ar, podendo ocorrer perturbações que causam imprecisão na medição. No caso do sistema de ar condicionado centralizado, o valor exato da temperatura do ar fornecido e da velocidade do fluxo de ar não pode ser controlado, uma vez que é controlado pelo Gabinete de Desenvolvimento da UTeM, e há outros factores a considerar, como a perda por atrito e dinâmica nas condutas de ar. Além disso, deveria ser utilizada uma campânula difusora em vez de colocar o anemómetro mesmo por baixo do difusor, de modo a obter uma leitura mais precisa.

6.3 Recomendações

6.3.1 Melhorias do projeto

Para garantir a obtenção de conforto térmico e uma elevada eficiência energética do sistema de ar condicionado, foram feitas algumas recomendações, como se segue:

i. O sistema de ar condicionado deve ser regularmente verificado e mantido para garantir o seu bom funcionamento.

ii. A temperatura na sala de conferências poderia ser mantida a uma temperatura mais elevada, tal como recomendado pela MS 1525.

iii. A equação de k-epsilon padrão pode ser considerada por outros investigadores para além da equação de k-epsilon RNG, que vários investigadores provaram ser melhor para simular o fluxo de ar num edifício com ventilação mecânica interior.

iv. O número de unidades de ar condicionado split pode ser reduzido e a localização pode ser reorganizada de forma a reduzir o inventário e os custos de manutenção das unidades de ar condicionado split, mantendo o mesmo efeito de arrefecimento. A Fig. 6.1 mostra a comparação da distribuição da temperatura do ar de diferentes orientações dos aparelhos de ar condicionado, enquanto a Fig. 6.2 mostra a comparação da velocidade do caudal de ar para diferentes orientações dos aparelhos de ar condicionado. As trajectórias da temperatura e da velocidade do fluxo de ar na Fig. 6.1 e na Fig. 6.2 mostram que o ar condicionado ainda pode ser distribuído pela zona ocupada reduzindo o número de aparelhos de ar condicionado. A Tabela 6.1 mostra a comparação do valor da temperatura simulada dos condicionadores de ar originais e reposicionados, enquanto a Tabela 6.2 mostra a comparação do valor da velocidade do fluxo de ar simulado a 18°C e 1,8 m/s (originalmente a 19,7°C e 1,42 m/s) para unidades divididas, enquanto o mesmo valor permaneceu para o sistema centralizado. Os dados da Tabela 6.1 mostram que a temperatura mais baixa pode ser alcançada mesmo quando o número de aparelhos de ar condicionado é reduzido, enquanto os dados da Tabela 6.2 mostram que a diferença na velocidade do fluxo de ar entre os aparelhos de ar condicionado originais e reposicionados é baixa. Por conseguinte, a redução da unidade e o reposicionamento do ar condicionado para obter uma carga de arrefecimento semelhante é viável.

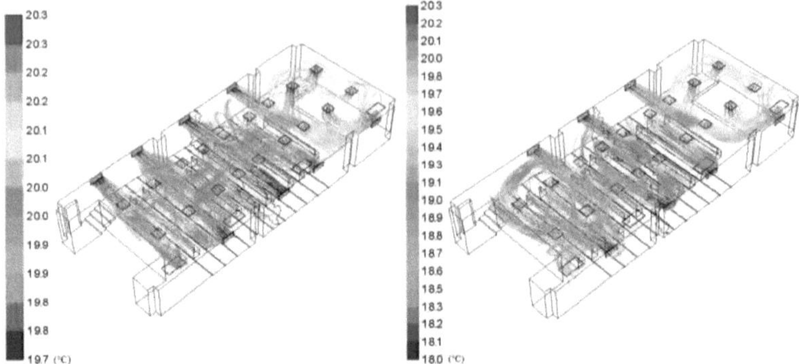

Figura 6.1: Trajectórias de temperatura da posição original (esquerda) e reposicionada (direita) de unidades de ar condicionado split

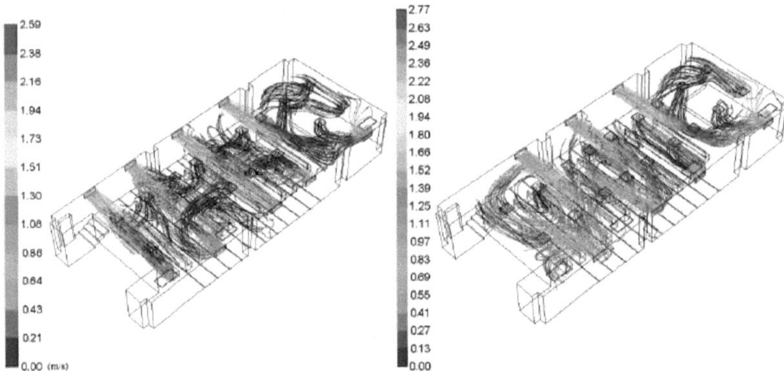

Figura 6.2: Trajectórias da velocidade do fluxo de ar dos aparelhos de ar condicionado de unidades separadas na posição original (esquerda) e reposicionados (direita)

Tabela 6.1: Comparação do valor da temperatura simulada dos aparelhos de ar condicionado originais e reposicionados

Point	Temperature (°C)									
	1		2		3		4		5	
	Original	New	Original	New	Original	New	Original	New	Original	New
A	20.11	19.37	20.10	19.31	20.09	19.42	20.13	19.49	20.08	19.40
B	20.04	19.31	20.00	19.24	19.96	19.19	19.95	19.09	19.96	19.04
C	20.00	18.85	19.97	18.80	19.92	18.80	19.90	18.84	19.90	18.95
D	19.92	18.93	19.92	18.85	19.90	18.86	19.99	18.89	19.92	18.87
E	19.92	18.93	19.90	18.89	19.90	18.78	19.91	18.77	19.92	18.80
F	19.84	18.97	19.84	18.84	19.88	18.82	19.91	18.72	19.94	18.70

Tabela 6.2: Comparação do valor da velocidade do caudal de ar simulado dos aparelhos de ar condicionado originais e reposicionados

Point	Airflow Rate (m/s)									
	1		2		3		4		5	
	Original	New	Original	New	Original	New	Original	New	Original	New
A	0.070	0.112	0.043	0.055	0.027	0.028	0.060	0.111	0.175	0.198
B	0.105	0.137	0.030	0.073	0.224	0.184	0.284	0.278	0.240	0.256
C	0.154	0.069	0.092	0.073	0.309	0.163	0.151	0.149	0.107	0.107
D	0.146	0.251	0.108	0.311	0.290	0.154	0.099	0.152	0.151	0.328
E	0.105	0.143	0.154	0.243	0.251	0.408	0.298	0.416	0.301	0.364
F	0.066	0.291	0.291	0.330	0.313	0.312	0.297	0.268	0.297	0.244

As sugestões para trabalhos futuros são as seguintes:

i. A análise do sistema de distribuição de ar por baixo do pavimento pode ser efectuada através do método de simulação. Acredita-se que o fornecimento de ar através de um piso elevado, utilizando diferentes tipos de configurações de distribuição e saídas, consumirá menos energia.

ii. O ganho de calor de fontes externas, como o sol e as lâmpadas, pode ser considerado.

iii. O tipo de fluxo de ar no edifício pode ser analisado.

REFERÊNCIAS

Ahmed, A. M. (2014). Tutorial 2: Atribuição de condições de fronteira e execução de um cálculo. *Warwick: Escola de Engenharia.* Recuperado em 6 de dezembro de 2014, de http://www2.warwick.ac.uk/fac/sci/eng/study/pg/students/esrhaw/ansys2.pdf.

ANSYS. (2014). *ANSYS Meshing.* Recuperado em 6 de dezembro de 2014, de http://www.ansys.eom/Products/Workflow+Technology/ANSYS+Workbench+Platfom/ANSYS+M eshingon.

Norma ASHRAE 55-2013. *Condições Térmicas Ambientais para Ocupação Humana.*

Balaras, C. A., Dascalaki, E., & Gaglia, A. (2007). HVAC e condições térmicas interiores em salas de operações hospitalares. *Energy and Buildings 39(4):* 454. doi: 10.1016/j.enbuild.2006.09.004

Cao, G. (2006). *Previsão do fluxo de ar interior através da dinâmica de fluidos computacional.* In: Ene-39.52 Seminário de Pós-Graduação em Calor e Fluxo de Fluidos, 2703-2006, Laboratório de Aquecimento, Ventilação e Ar Condicionado, Faculdade de Engenharia Mecânica, Universidade de Tecnologia de Helsínquia.

Chen, Q. (1995). Comparação de diferentes modelos k-e para cálculos de fluxo de ar em ambientes internos. *Numerical heat transfer. Part B, Fundamentals, 28(3),* 353369.

Cheong, K. W. D., Djunaedy E., Chua Y. L., Tham K. W., Sekhar S. C., Wong N. H., & Ullah, M. B. (2003). Estudo do conforto térmico de uma sala de conferências com ar condicionado nos tópicos. *Building and Environment, 38*(1), 63-73. doi:http://dx.doi.org/10.1016/S0360-1323(02)00020-3

Daisey, J. M., Angell, W. J., Apte, M.G. (2003). Qualidade do ar interior, ventilação e sintomas de saúde nas escolas: uma análise da informação existente. *Indoor Air, 13(1),* 53-64.

Boletim de Engenharia. (2010). *Noções básicas de distribuição de ar no espaço.* Recuperado em 16th maio 2015, de https://www.tuttleandbailey.com/techcomer/bulletins/basics.asp

Goodfellow, H. D. (2001). *Industrial Ventilation Design Guidebook, EUA:* Academic Press.

Innova, AirTech Instruments. (2002). *Conforto térmico.* Obtido em 10 de setembro de 2014, de http://www.labeee.ufsc.br/antigo/arquivos/publicacoes/Thermal_Booklet.pdf

ISO 7730: 2006. *Ergonomia do ambiente térmico - Determinação analítica e interpretação do conforto térmico através do cálculo dos índices PMV e PPD e de critérios locais de conforto térmico.*

John, C. (2012). Precisão, Convergência e Qualidade da Malha. *Another Fine Mesh.* Recuperado em 6 de dezembro de 2014, de http://blog.pointwise.com/2012/07/05/accuracy-convergence-and-mesh-quality/.

Johnson, L. S. C., Adnan, H. & Tee, B. T. (2002). Simulação do fluxo de ar em salas de aula. 1-6.

Kim, Gon, Schaefer, Laura, Lim, Tae Sub, & Kim, Jeong Tai. (2013). Previsão do conforto térmico de um sistema de distribuição de ar por baixo do piso num ambiente interior de grandes dimensões. *Energy and Buildings, 64(0),* 323-331. doi: http://dx.doi.org/10.1016/j.enbuild.2013.05.003

Kuznik, F., Rusaouen, G., & Brau, J. (2005). Estudo experimental e numérico de um recinto ventilado à escala real: Comparação de quatro modelos de turbulência de fecho de duas equações. *Building and Environment 42*(2007), 1043-4053.

Launder, B. E. e Splading, D. B. (1974). The numerical computation of turbulent flow. *Computer*

Methods in Applied Mechanics and Engineering, 3(2), 69-89.

Li, Q., Yoshino, H., Mochida, A., Lei, Bo., Meng, Q., Zhao, L. & Lun, Y. (2009). Estudo CFD do ambiente térmico num edifício de uma estação de comboios com ar condicionado. *Building and Environment 44 (2009),* 1452-1465.

Lim, D. P. (2013). *Simulação e medição do fluxo de ar interior.* 34-38.

Lim, T. Y. (2014). *Melhoria da eficiência energética do fluxo de ar em ventilador de sopro axial usando CFD.* 41.

Liu, W., Lian, Z., & Yao, Y. (2007). Otimização da difusão do ar interior de aparelhos de ar condicionado de chão. *Energy and Buildings, 40*(2008), 59-70.

MS 1525: 2014. *Código de práticas sobre eficiência energética e utilização de energias renováveis para edifícios não residenciais. (2ª ed.)*

Nielsen, P.V. (ed.), Allard, F., Awbi, H.B., Davidson, L., Schälin, A. (2007). *Computational Fluid Dynamics in Ventilation Design,* REHVA Guidebook no 10, ISBN 2-9600468-9-73.

Rim, D. e Novoselac, A. (2008). *Simulação Transiente do Fluxo de Ar e da Dispersão de Poluentes em Regimes de Fluxo de Mistura e Fluxo Conduzido por Fluxo de Fluxo em Edifícios Residenciais.* ASHRAE Transactions, Vol. 114, Parte 2.

Ruponen, M. e Tinker, J.A. (2007). *Validação CFD do conforto térmico numa sala utilizando taxas de tiragem.* In: Actas do Congresso Clima 2007 Wellbeing Indoor. Clima 2007 WellBeing Indoor, 10-14 de junho de 2007, Helsínquia, Finlândia, Finlândia. ISBN 978-952-998-3-6

Pereira, M. L., Vilain R. & Tribes A. (2012). *Condições de Conforto Térmico em uma Sala Ventilada com Sistema Split- Análise Numérica e Experimental.* 14º Congresso Brasileiro de Ciências Térmicas e Engenharia, 1-7.

Posner, J. D., Buchanan, C. R., & Dunn-Rankin, D. (2002). Medição e previsão do fluxo de ar interior numa sala modelo. *Energy and Buildings, 35(2003),* 515-526.

Shaun, L. J. M. (2014). *Desenvolvimento de Simulação de Ar Interior no interior de Salas de Aula.* 39-60.

Toftum, J. (2005). *Índices de conforto térmico.* Handbook of Human Factors and Ergonomics Methods (Manual de Factores Humanos e Métodos Ergonómicos). Boca Raton, FL, EUA: 63. CRC Press.

Utilizando o modelo de plano de mistura. (2011). *SHARCNET, 13.4.9,* Passo 8: Solução. Obtido em 6 de dezembro de 2014, de https://www.sharcnet.ca/Software/Fluent14/help/flu_tg/x119600012.13.html

Yakhot, V., Orzag, S. A. (1986). Análise do grupo de renormalização da turbulência. *Scientific Computing 3*(1986).

Yang, K., Guo, C., & Kitamura, S. (2010). *Simulação computacional CFD na pesquisa de conforto térmico.* In: 2010 2nd International Conference on Computer Engineering and Technology, ICCET. 16-18 de abril de 2010, Chengdu. (EI: 20100112602812)

Printed by Books on Demand GmbH, Norderstedt / Germany